普通高等教育应用型本科规划教材

海岸及近海工程

王日升　主　编

李居铜　刘　楠　何君莲　副主编

人民交通出版社股份有限公司

北　京

内 容 提 要

本书结合海岸及近海工程开发建设、综合治理及灾害防治等方面需求,详细介绍了各类水工建筑物及其适用条件,以及设计施工中主要应注意的问题,使读者在理论学习的同时可很好地掌握工程建设中的各类施工技术。本书重点介绍了目前最新的海岸工程施工技术及施工机具,内容采用相关行业最新规范,应用性强。

本书可作为水利工程学科高年级本科生和研究生的学习用书,也可供相关领域技术人员使用。

图书在版编目(CIP)数据

海岸及近海工程/王日升主编. —北京:人民交通出版社股份有限公司,2020.10
ISBN 978-7-114-16835-2

Ⅰ.①海⋯ Ⅱ.①王⋯ Ⅲ.①海岸工程—研究 Ⅳ.①P753

中国版本图书馆 CIP 数据核字(2020)第 168403 号

普通高等教育应用型本科规划教材

书　　名:**海岸及近海工程**
著 作 者:王日升
责任编辑:崔　建
责任校对:孙国靖　龙　雪
责任印制:刘高彤
出版发行:人民交通出版社股份有限公司
地　　址:(100011)北京市朝阳区安定门外外馆斜街 3 号
网　　址:http://www.ccpcl.com.cn
销售电话:(010)59757973
总 经 销:人民交通出版社股份有限公司发行部
经　　销:各地新华书店
印　　刷:北京武英文博科技有限公司
开　　本:787×1092　1/16
印　　张:8.25
字　　数:211 千
版　　次:2020 年 10 月　第 1 版
印　　次:2020 年 10 月　第 1 次印刷
书　　号:ISBN 978-7-114-16835-2
定　　价:29.00 元

(有印刷、装订质量问题的图书由本公司负责调换)

前言
QIANYAN

　　浅海地区是临海国家宝贵的国土资源,也是当下海洋开发、经济发展的基地,各国之间贸易和文化交流的纽带,其地位十分重要。然而,随着全球人口不断增长以及世界范围内经济发展需要,浅海地区资源萎缩也成为世界性难题,无序开发、环境污染、自然灾害频发等系列问题严重阻碍了世界经济的发展。如何通过海岸工程和近海工程的技术措施及相应的管理措施,落实政府制定的计划和法规,实现我国浅海海域合理的治理、开发、利用,成为目前浅海地区资源综合开发利用迫切需要解决的问题。

　　海岸工程和近海工程建设是海洋工程开发建设利用的重要组成部分。海岸工程是在已有理论和试验研究基础上,通过采取针对性的工程措施实现海岸防护、海岸带资源开发和空间利用,它主要包括海岸防护工程、围海工程、海港工程、河口治理工程等。近海工程又称离岸工程,它主要是在大陆架较浅水域的海上平台、人工岛等的建设工程,以及在大陆架较深水域的建设工程。

　　本书共分为六章。第一章从浅海环境特征入手,详细介绍了我国海岸带类型及其环境特征,阐述了目前我国在海岸带开发中存在的主要环境问题;第二章从设计、施工等多方面介绍了海堤、护岸、保滩等防护水工建筑物,明确了它们的主要作用及适用条件;第三章主要介绍了围海所采取的主要技术措施,以及它们各自适用条件,明确了堵口截流的施工步骤;第四章详细阐述了海港工程中的主要组成部分及其作用,明确了水工建筑物在设计施工中主要应注意的问题及其处理方式;第五章通过介绍疏浚中挖泥船的主要类型及生产率计算,明确了不同类型疏浚条件下的设备选型及施工中应采取注意的问题;第六章以人工岛与海洋平台为例介绍了目前近海工程在开发利用中采取的技术措施。

　　本书由山东交通学院王日升策划和统稿,由山东交通学院李居铜、刘楠、何君莲参与编写。在本书编写过程中,研究生申靖琳、陈雯雯、许茂林、李梦晨、何益龙、赵硕、陈旭、庄超在资料整理、版式调整和文字校核等方面做了大量工作,在此一并致谢!

由于作者水平所限,书中难免会出现不足之处,恳请使用本书的同行专家和广大师生批评指正。

作　者

2020 年 7 月

于济南市长清区大学科技园山东交通学院

目录

MULU

第一章 浅海环境资源与开发

全球海洋中心为洋,边缘为海。作为海洋,其与人们的日常生活息息相关,尤其是浅海沿岸地区,是海洋系统与陆地系统相连接、复合与交叉的地理单元,既是地球表面最为活跃的自然区域,也是资源与环境条件最为优越的区域,是海岸动力与沿岸陆地相互作用最为显著的区域,因此,该地带往往具有海陆过渡特点的独立环境体系,与人类的生存与发展的关系最为密切,自然条件优越,物产丰富,气候宜人,人口积聚,同时,也为人们提供了日常所需的众多资源。但是如何合理利用有限资源,保护环境成为人们日益关注的问题。

我国海岸呈向东南凸出的弧形。陆域宽广,岛屿众多,面积达 $500m^2$ 以上的岛屿为 7300 多个。同时,我国也是世界上海岸线最长的国家之一,大陆海岸线北起中朝边境的鸭绿江口,经辽宁、河北、天津、山东、江苏、上海、浙江、福建、广东、广西壮族自治区等省、市、自治区,到中越边境的北仑河口,全长 18000 多公里。

浅海地区是临海国家宝贵的国土资源,也是海洋开发、经济发展的基地,地位十分重要。然而,随着全球人口不断增长以及世界范围内经济发展需要,浅海地区萎缩也成为世界性难题,尤其是我国在这一区域所面临的人口增长与城市化、海平面上升与海岸侵蚀、淡水资源紧缺与水环境恶化、渔业资源退化等系列问题更加严重。如何通过海岸工程和近海工程的技术措施及相应的管理措施,落实政府制订的政策和法规,实现我国浅海海域合理的治理、开发、利用,成为目前我们浅海地区资源综合开发利用迫切需要解决的问题。

海岸工程是为海岸防护、海岸带资源开发和空间利用所采取的各种工程设施。主要包括海岸防护工程、海港工程、河口治理工程、海上疏浚工程、围海工程、沿海潮汐发电工程、海上农牧场、环境保护工程渔业工程等。近海工程又称离岸工程,其主要是在大陆架较浅水域的海上平台、人工岛等的建设工程,以及在大陆架较深水域的建设工程,如浮船式平台、半潜式平台、自升式平台、石油和天然气勘探开采平台、浮式储油库、浮式炼油厂、浮式飞机场等。海岸工程和近海工程建设是海洋工程开发建设利用的重要组成部分。

第一节　浅海环境特征

众所周知浅海地带大陆架范围内,特别是海岸带范围内海域是深海大洋环境与大陆环境相互作用的地带。该地带主要有以下特点:大陆河流带来大量的淡水、泥沙与深海来波触底破碎后的碎波相遇,因此这一地带生物物种及资源丰富。同时,该地带人口密集,污染物众多,不同环境生境系统面临毁坏,各种尖锐矛盾突出,条件相对复杂。

一、大陆架海域环境

(一)大陆架

大陆架又叫"陆棚"或"大陆浅滩",它是指环绕大陆的浅海地带,深海或大洋边缘,陆架坡折向内到大陆海岸线之间的范围。大陆架是大陆向海洋的自然延伸,通常被认为是陆地的一部分。

大陆架的浅海区是海洋植物和海洋动物生长发育的良好场所,全世界的海洋渔场大部分分布在大陆架海区,这些资源属于沿海国家所有。在地理学意义上,大陆架指从海岸起在海水下向外延伸的一个地势平缓的海底地区的海床及底土,在大陆架范围内海水深度一般不超出200m,海床的坡度很小,一般不超过1/100。在大陆架外是大陆坡,如图1-1所示,在这里海床坡度突然增大,往往达3~6度甚至更大,水深一般在200~1500m。从大陆坡脚起海床又趋平缓,称大陆隆起或大陆基,一般坡度在1/2000~1/100,水深可逐渐加深至4000~5000m。大陆隆起之外是深海海底。大陆架、大陆坡和大陆隆起合称大陆边或大陆边缘。

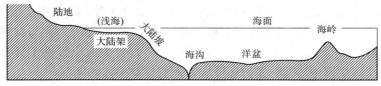

图1-1　大陆架海域环境图

世界上大陆架长度约3.6×10^{5}km,大陆架平均宽度为75km,最宽可达1500km,随宽度大小不同,离岸近的为内陆架,远的为外陆架。

内陆架海域环境特征如下:

(1)地形平坦,平原型地貌发育;

(2)覆盖多泥沙,地壳结构同陆地上连接;

(3)海洋因素汇集,动力作用强。

外陆架海域环境特点如下:

(1)离陆地远,水深大;

(2)水下压力高,温度低;

(3)水下能见度差;

(4)常有暗流、地震、海啸等。

(二)海岸线

海岸线是指海洋与陆地交汇的分界线。由于受到潮汐作用以及风暴潮等影响,海水有涨有落,海面时高时低,这条海洋与陆地的分界线时刻处于变化之中。因此,实际的海岸线应该是高低潮间无数条海陆分界线的集合,它在空间上是一个条带区域,而不是一条地理位置固定的线。在我国,海岸线系指多年大潮平均高潮位时的海陆分界线。

(三)海沟

海沟是位于海洋中的两壁较陡、狭长的、水深大于5000m的沟槽,是海底最深的地方,最大水深可达到 10000m 以上。海沟多分布在大洋边缘,而且与大陆边缘相对平行。

地球上主要的海沟都分布在太平洋周围地区,环太平洋的地震带也都位于海沟附近。地球上最深、也是最知名的海沟是马里亚纳海沟,它位于西太平洋马里亚纳群岛东南侧,深度大约 11034m。

(四)海岭

海岭又称海底山脊,有时也称"海底山脉"。狭长延绵的大洋底部高地,一般在海面以下,高出两侧海底可达 3 ~ 4km。位于大洋中央部分的海岭,称中央海岭,或称大洋中脊。

在四大洋中有彼此连通蜿蜒曲折庞大的海底山脊系统,全长达 50000 多公里。大洋中脊出露海面的部分形成岛屿,夏威夷群岛中的一些岛屿就是太平洋中脊出露部分。在大洋中脊的顶部有一条巨大的开裂缝隙,岩浆从这里涌出并冷凝成新的岩石,构成新的洋壳。所以,人们把它称为新洋壳的诞生处。

二、海岸带海域环境

海洋最边缘的浅水区,是海洋同大陆相互作用最活跃的地带。其外缘以大风浪破碎带最大水深处为界,内缘以暴风浪袭击使海水向大陆淹没的最大区域为界。

图 1-2 所给出的是一般海岸带横剖面的形态特点,大陆海岸线以内为陆上段;向外到平均低潮线为海滩,可露出水面,而滩肩则经常露出水面;再向外到破波带外界为内滨段,波浪与水下浅滩相互作用显著的地带,常形成水下沙坝。海岸带以外为近海海域。

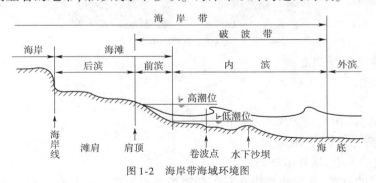

图 1-2 海岸带海域环境图

(一)海岸带环境特征

海岸带是海洋与陆地衔接地带,是自然界中水圈、大气圈、生物圈作用最为活跃、最为明显的地带,同时也是遭受海洋灾害破坏最严重的地带,其物产丰富,兼具海、陆两种属性环境特征。海岸带环境有以下特点:

(1)季风控制下的过渡性气候(大陆架靠近大陆最边缘的部分);

(2)土壤植被类型具有地带性分布特征;

(3)海洋与大陆相互作用强烈;

(4)人类活动影响显著。

(二)海岸带海域特点

海岸带海域特点显著,总结起来具有以下几点:

（1）海陆交接，地貌形态复杂，物质组成多样，海洋动力因素汇聚；

（2）水深浅和地貌复杂使动力因素急变，易引起岸滩的冲蚀以及地貌的演变；

（3）动力作用强烈，咸、淡水混合，泥沙运动频繁。

（三）海岸带分类及其特点

根据地质构造分为上升海岸和下降海岸。

按海岸动态分为堆积性海岸和侵蚀性海岸。

根据海岸组成物质性质分类，我国把海岸分为基岩质海岸、砂砾质海岸、淤泥质海岸、红树林海岸和珊瑚礁海岸五类。

1）基岩质海岸

基岩质海岸由地质构造和波浪作用形成，如图 1-3 所示。

图 1-3　基岩质海岸

基岩质海岸的特征如下：

（1）地势陡峭；

（2）岸线曲折；

（3）岬角与海湾相间且多深入陆地的港湾；

（4）岸滩狭窄、坡度陡、水深大；

（5）岸上地形崎岖，岸外多岛屿。

基岩质海岸的分布：基岩质海岸在我国的漫长海岸上都广有分布。在杭州湾以南的华东、华南沿海都可见到它，而在杭州湾以北，则主要集中在山东半岛和辽东半岛沿岸。我国的基岩质海岸长度约 5000km，约占大陆海岸线总长的 30%。

2）砂砾质海岸

砂砾质海岸由平原的堆积物质被搬运到海岸边，又经波浪或风改造堆积而成，如图 1-4 所示。

砂砾质海岸特征如下：

（1）组成物质以松散的砂砾为主；

（2）岸滩较窄，且坡度较陡。

分布：我国的砂砾质海岸分布不均，在辽宁省沿岸最多，占全省海岸线的 43%，地域上主要集中在黄龙尾至盖平角沿岸及小凌河一带；滦河三角洲至山海关之间是河北省砂砾质海岸的分布区；砂质海岸分布于秦皇岛地区及洋河口附近。山东省砂砾质海岸分布于浇头崖至岚山头之间的山东半岛沿岸；江苏省砂质海岸短，只有 30.6km 长，主要分布于海州湾北部和兴庄河口以北;浙江、福建、广东、广西的情况较为独特,由于这四个省的纬度较低,又处于强劲的季风带,加之基岩海岸发育,所以潮急浪高,物质来源丰富,砾石堤、砾石滩和沙砾滩随处可见;广东省的砂质海岸比较常见,通常分布在海湾内和平直海岸。广东平直的砂质海岸多分布在滨海台地外缘和海积阶地前缘;广西的砂质海岸分布较广泛,其东部沿岸尤为多见;在海南岛,除了基岩质海岸外,基本上全属砂质海岸。

图1-4　砂砾质海岸

砂砾质海岸的物质来源主要有以下三种:

一是从山地流出的河流带来大量较粗的砾石和砂入海;

二是从基岩质海岸侵蚀和崩塌下来的物质;

三是由于海流、波浪的纵横向作用,把邻近海岸或陆架上的粗粒物质携带而来。

3)淤泥质海岸

淤泥质海岸由河流携带入海的大量细颗粒泥沙在潮流与波浪作用下输运沉积而成,如图1-5所示。

图1-5　淤泥质海岸

淤泥质海岸特征如下:

(1)岸滩组成的物质多为粉砂质黏土、黏土质粉砂和粉砂等;

(2)泥沙运动主要为悬移质输移;

(3)岸线平直,地势平坦;

(4)滩宽水浅,不宜建港。

分布:淤泥质海岸的物质组成较细和结构松散,受到水动力作用后变化颇大,因此具有在短时期内海岸被冲刷侵蚀后退快速,或海岸淤涨向海扩大迅捷的特点。我国的淤泥质海岸是我国大陆海岸的重要组成部分,长4000多公里,约占我国大陆海岸的22%。

4）红树林海岸

红树林海岸由红树科植物和淤泥质潮滩组合而成,如图1-6所示。

图1-6　红树林海岸

红树林海岸特征:护岸作用和生态效益明显。

分布:红树植物主要分布在我国华南和东南的热带、亚热带沿岸。我国海南岛红树植物最为丰富,种类最多,为37种;广西、广东、台湾次之;福建更次之;到了浙江则仅剩一种,是人工引进种植的。红树植物自然生长的北界在北纬27°20′左右,即在福建省福鼎一带。但似乎在北纬24°27′的福建厦门是一个界限:在此以南,红树林海岸发育很好;在此以北,红树林海岸稀少。

5）珊瑚礁海岸

珊瑚礁海岸由珊瑚虫遗骸组成。

珊瑚礁海岸特征:岸线曲折,伴有汊道。

分布:珊瑚礁在我国分布较广,我国造礁珊瑚的种类不少,珊瑚在南海诸岛、海南岛、台湾岛及澎湖列岛沿岸、广东和广西沿岸都能见到。其中,环礁主要分布在南海诸岛,岸礁主要分布在海南岛、台湾岛及澎湖列岛沿岸和广东、广西沿岸。

在我国,台湾和福建地理纬度相同,但台湾沿岸的红树植物、珊瑚礁种类比福建多得多,这是由于台湾受太平洋黑潮暖流影响的缘故。

第二节　海岸带开发带来的环境问题

海岸带物种及矿产资源丰富,人口密集,为社会经济发展提供了丰富的资源支撑,然而过度的开发引发了一系列问题,尤其近些年,海岸地区的环境问题日益凸显。如何采取措施,有效解决海岸带开发过程中带来的近海水质与地质环境恶化、滨海湿地萎缩,渔业资源减少、港湾淤积、港口资源遭破坏、海岸侵袭、沿海土地盐渍化、外来物种入侵,生态平衡遭破坏等问题已迫在眉睫。

一、水质、底质污染,赤潮频发问题

随着沿海地区工农业发展和城市化进程加快,大量含有有机质和丰富营养盐的工农业废水和生活污水排入海洋,造成近岸海域的水体富营养化,引发赤潮(根据其不同颜色分别称为赤潮、棕潮和绿潮)。赤潮是水域中一些浮游生物暴发性繁殖引起的水色异常现象。它主要发生在近海海域。赤潮不仅严重破坏海洋生态系统,造成海洋捕捞、海水养殖业的重大损失,还会危及人类健康,如图1-7所示。

图1-7 海岸带水质污染

在人类活动的影响下,生物所需的氮、磷等营养物质大量进入海洋,引起藻类及其他浮游生物迅速繁殖,大量消耗水体中的溶解氧量,造成水质恶化、鱼类及其他生物大量死亡的富营养化现象,是引起赤潮的根本原因。由于海洋环境污染日趋严重,赤潮发生的次数也逐年增加。近年来,香港海域就多次发生严重的赤潮现象。由于赤潮的频繁出现,使海区的生态系统遭到严重破坏,赤潮中生物在生长繁殖代谢和死亡后被微生物分解过程中,消耗了海水中的大量氧气,鱼、贝因此窒息而死。另外,赤潮生物的死亡,促使细菌大量繁殖,有些细菌产生有毒物质,一些赤潮生物体内及其代谢产物也会含有生物毒素,引起鱼类、贝类中毒病变或死亡。

水质、底质污染,赤潮频发问题的预防措施及修复措施如下:

1. 控制海域的富营养化

(1)应重视对城市污水和工业污水的处理,提高污水净化率。

(2)合理开发海水养殖业。

为了减缓由海水养殖带来的水体富营养化问题,要采取以下措施:

①根据水域的环境条件选择一些对水质有净化作用的养殖品种,并合理确定养殖密度,控制养殖面积。

②进行多品种混养、轮养、立体养殖,尤其是鱼、虾、贝、藻混养,建立生态养殖系统。

③提高养殖技术,改进饵料成分及投饵技术,使其有利于养殖生物的摄食,减少残饵,减轻水质和底质的污染。

④不能将池塘养殖的污水和废物直接排入海水,应采取逐步过滤等办法加以处理。

2. 人工改善水体和底质环境

如在水体富营养化的内海或浅海,有选择地养殖海带、裙带菜、羊栖菜、红毛菜、紫菜、江篱等大型经济海藻,既可净化水体,又有较高的经济效益;利用自然潮汐的能量提高水体交换能力;可利用挖泥船、吸泥船清除受污染底泥,或翻耕海底,或以黏土矿物、石灰匀浆及沙等覆盖受污染底泥,来改善水体和底质环境。

3. 控制有毒赤潮生物外来种类的引入

要制定完善的法规和措施,防止有毒赤潮生物经船只和养殖品种的移植带入养殖区。

二、滨海湿地缩小、物种减少、渔业资源衰减问题

滨海湿地是世界上生产力最高,但所受威胁也最严重的系统之一。据不完全统计,近几年,由于沿海渔业资源衰竭,渔民逐渐失去了赖以生存的家园,政府实施补助政策扶持渔民转产转业,转型带来的问题日益凸显。

除此之外,沿海地区工农业的发展以及城市用地扩张,滨海湿地不断转化为种植业用地、水产用地、盐业用地和城市用地,使得滩涂湿地面积严重缩小,加上城市化过程对滨海湿地的污染加重,滨海湿地功能退化,导致湿地生态环境破坏,原生生物减少,生物多样性降低,渔业资源严重衰减,如图1-8所示。

图1-8 填海造陆

滨海湿地缩小、物种减少、渔业资源衰减问题的预防及修复措施如下。

1. 自然恢复方法

首先消除导致湿地退化或丧失的威胁因素,通过大自然自我修复功能逐渐恢复湿地的功能,进而修复动植物的生态家园,逐渐恢复动植物种类,增加渔业资源。

2. 人类干预恢复方法

通过人为干预直接控制湿地恢复的过程,以恢复、新建或改进湿地生态系统。通过人类掌握的科学技术及制订的相应规章制度保障生态系统恢复,如禁止填海造陆、人工增殖放流、休渔保护等一系列干预措施恢复原有生态环境系统目标。

三、港湾面积缩小、航道淤积、港口资源丧失问题

港湾面积缩小、航道淤积是指在海港的航道和港池内产生的泥沙沉积现象。世界上大小港口都有不同程度的淤积,其后果是减小水深、妨碍航行,淤积严重的港口甚至成为废港。防淤减淤工程耗费巨大,而疏浚维护费用亦成为沉重的负担。尤其是近些年来,人类过度开发导致大自然千百年来形成的平衡被人为破坏,动力因素作用强烈的海岸带地区需要建立新的平衡。这一过程不可避免地带来一系列泥沙运动,随之产生的冲淤就会给港口及航道运营带来巨大影响,如冲刷给结构物带来不安全性、淤积给港口带来运营成本增加等一系列问题。如何有效避免这类问题,成为我国科学家及工程技术人员攻坚克难的关键。

我国大江、大河的含沙量和输沙量比较大,长江年输沙量达到5亿t,黄河年输沙量曾达16亿t,两者占全国河流输沙量的80%。除此之外,侵蚀海岸带来的大量泥沙,也会造成河口及海湾淤积。其中,长江口、渤海湾最为严重,每年仅投入到长江口航道清淤的经费高达亿元。因此,河口和海湾淤积不但能影响港口及航道的通航,也会影响海滨旅游设施运行,甚至还可能影响大江、大河的排洪。

与此同时,港湾周围陆域的风雨剥蚀、水土流失,径流携沙的长年沉淤累积,港湾围填,以及不合理的涉海工程,也会导致港湾航道逐渐淤积,带来港口面积萎缩,航道断面尺度及水深不足,甚至会导致原有的天然良港被破坏,威胁社会经济的繁荣稳定。

港湾面积缩小、航道淤积、港口资源丧失问题的预防及修复措施如下:

首先在港址选择、港口设计，直至建成后的维护阶段，始终需密切注意淤积问题，尤其是在建港之初就应预见后期的淤积趋势，考虑可能采用的防淤减淤措施，具体可通过数值模拟、物理模型试验等技术手段预测港口的年淤积强度及主要淤积区域。

防淤减淤通常采取修筑防波堤、丁坝、导堤等工程措施，进行泥沙拦截处理。在存在沿岸漂沙的海岸建港时，除应修建防波堤外，还应修建丁坝或岛堤，遏止上游来沙。在淤泥质海岸建港时，防波堤应伸展到含沙量较小的海域，同时可在航道上挖出一些深坑以聚沙；在潟湖口门建港时，宜修建导堤；在海峡内建港时，宜排除口门及两侧的障碍物，使潮流畅通。上述各种防淤、减淤措施均应根据不同的地质地形、不同的风浪流等条件确定，不应一概而论。对于某些重要港口，需加大物理模型试验研究及数值模拟研究力度，通过合理的技术措施，以及相应的经济技术比较确定最优方案。

四、海岸侵蚀，海水入侵，土地盐渍化问题

在滨海地区，受不同的地质构造、海岸岩性、泥沙运移、水动力条件等因素影响，存在着不同程度的海岸侵蚀、海水入侵和土地盐渍化等地质灾害（图1-9）。滨海地区人为超量开采地下水，引起地下水位大幅度下降，海水与淡水之间的水动力平衡被破坏，导致咸淡水界面向陆地方向移动的现象称为海水入侵。海水入侵定义最核心的内容是"人为超量开采地下水造成水动力平衡的破坏"。

形成海水入侵的基本条件有两个：一是水动力条件；二是水文地质条件。当这两个条件同时具备了，就会发生海水入侵。众所周知，受重力作用，水总是由较高水位向较低水位流动。在天然条件下，地下淡水位高于海水水位，地下淡水向海水方向流动，不会发生海水入侵现象。在开采地下淡水的条件下，尤其当开采量超过允许开采量时，地下淡水位就会持续下降，改变了原来的地下淡水与海水的平衡状态，从而具备了海水向淡水流动的动力条件，导致海水入侵发生。

图1-9　土壤盐渍化

实际上要形成海水入侵，还必须具备联系海水与地下淡水的通道。在泥质海岸带，透水性很差的泥质地层，阻塞了海水与地下淡水之间的联系通道，不具备海水入侵的水文地质条件，因此也不可能发生海水入侵。海水入侵通道是指具备一定透水性能的第四系松散层、基岩断裂破碎带或岩溶溶隙、溶洞等。这些通道都受水文地质条件控制，目前许多研究确定的海水入侵区，都具备了这个条件。

我国海水入侵问题主要出现在辽宁、河北、天津、山东、江苏、上海、浙江、海南、广西9个省份（直辖市）的沿海地区。最严重的是山东、辽宁两省，海水入侵总面积已超过2000km²。

为防止海水入侵引起的土壤盐渍化，在现行技术能力可达到的条件下，可采取以下措施进行海岸侵蚀，海水入侵，土地盐渍化问题的预防及修复。

1. 控制和调整沿海地区地下水开采

海水入侵是由于过量开采地下水引起的，所以要防止其入侵，就必须将开采量限制在允许开采量范围之内。控制开采量要从以下几方面着手：

（1）调整开采时间和间隔，丰水年份（季节）多开采地下水，枯水年份（季节）少开采地下水，给地下水恢复的机会。

（2）调整开采井布局和水井密度，现实生活中地下水水源地往往是集中开采，很容易形成局部降落漏斗，给海水入侵创造条件。比较好的做法是实行分散开采，且避开海水入侵通道。

（3）调整开采含水层层位，对于多层承压含水层分布区，有计划地开采不同层位，控制每个开采含水层的淡水端静水压力不低于海水端静水压力。

2. 适时进行地下水补给

地下水的允许开采量是有限的，要想增加地下水的开采量，必须增加地下水的补给。在增加滨海地区地下水补给量方面，国内外总结了许多经验：拦蓄降水和地表径流补充地下水，如修建橡胶坝、渗井、渗渠回灌工程。沿海地区河流通常独流入海，源短流急，雨后河水暴涨暴落，所以拦蓄工程起到补源与兴利的双重效果。适当拦蓄地下径流，减少地下淡水入海量，在滨海构筑地下阻咸帷幕（实体帷幕或水力帷幕）营建地下水库，既起到拦截地下水径流的作用，又起到阻止海水入侵的作用，如山东省龙口市在八里沙河和黄水河修建了实体帷幕，已发挥作用。在近海地带采用适当处理后的污水、废水回灌地下水，构筑水力帷幕，既利用了污水、废水，又阻止了海水入侵。这方面美国已在纽约州长岛、加利福尼亚州、南加州奥良市和洛杉矶市等地区取得成功经验。

3. 节约用水和分质供水

一个地区，当地可持续利用的水资源是有限的，但往往对水资源的需求是无限的，尤其沿海地区普遍存在资源型缺水，因此节约用水是一项长期任务。现行所提倡的提高工业用水重复利用率，采用先进节水灌溉技术减少灌溉定额，调整农业种植结构，改种部分耐旱作物等节水措施在节约用水上都有较大潜力可挖。

同时分质供水也是节约用水的较好措施。地下水一般水质较好，通常会优先用于生活饮用水和部分对水质要求高的工业用水，农业用水和生态用水尽量使用地表水和经过处理的污水废水，冷却、冲渣、冲刷等方面尽量多利用海水和咸水。分质供水一定程度上可以缓解地下水的供需矛盾。

4. 调引客水

跨地区或跨流域调水是解决一个地区用水的有效手段，但该方式投资巨大，且对环境存在一定影响，因此实施时通常在当地确实无法解决水资源的供需矛盾情况下考虑，并且在实施前期一定要做好社会效益、经济效益、环境效益等的分析论证，确保万无一失。

5. 海水淡化

海水淡化技术目前相对而言比较成熟，但运行成本过高，可以展望在将来经济实力增强后实施。这种方式也是缓解沿海地区水资源供需矛盾的可行措施。

五、引起海洋灾害问题

海洋灾害，是指海洋自然环境发生异常或激烈变化，导致在海上或海岸发生的灾害。

引发海洋灾害的原因主要有大气的强烈扰动，如热带气旋、温带气旋、海洋水体本身的扰动或状态骤变;海底地震、火山爆发及其伴生之海底滑坡、地裂缝等均可引发海洋灾害。

海洋自然灾害不仅威胁海上及海岸地区生态环境,有些还危及沿岸城乡经济和人民生命财产的安全。例如,强风暴潮所导致的海侵(即海水上陆),在我国少则几公里,多则二三十公里,最远甚至可达 70km,历史上的某次海潮曾淹没我国多达 7 个县。不仅如此,海洋灾害往往还会在受灾地区引起许多次生灾害和衍生灾害。世界上许多沿海国家的自然灾害因受海洋影响都很严重,据不完全统计,仅形成于热带海洋上的台风(在大西洋和印度洋称为飓风)引发的暴雨洪水、风暴潮、风暴巨浪,以及台风本身的大风灾害,就占据了全球自然灾害生命损失的 60%。台风每年给世界沿海地区造成上百亿美元的经济损失,约为全部自然灾害经济损失的 1/3。综合最近 20 年的统计资料,我国由风暴潮、风暴巨浪、严重海冰、海雾及海上大风等海洋灾害造成的直接经济损失每年约 5 亿元,死亡 500 人左右。经济损失中,以风暴潮在海岸附近造成的损失最多,而人员死亡则主要是海上狂风恶浪所为。就目前总的情况来看,海洋灾害给世界各国带来的损失呈上升趋势。

我国海洋灾害的种类有很多,主要的有风暴潮、赤潮、海浪、海岸侵蚀、海雾、海冰、海底地质灾害、海水入侵、沿海地面下沉、河口及海湾淤积、外来物种入侵、海上溢油等。通常这些灾害往往呈现灾害链的形式,对海岸带资源环境系统造成巨大的破坏。

(一)风暴潮

风暴潮是由台风、温带气旋、冷锋的强风作用和气压骤变等强烈的天气系统引起的海面异常升降现象,又称"风暴增水""风暴海啸""气象海啸""风潮",风暴潮会使受到影响的海区的潮位大大地超过正常潮位。如果风暴潮恰好与影响海区天文潮位高潮相重叠,就会使水位暴涨,海水涌进内陆,造成巨大破坏。如 1953 年 2 月发生在荷兰沿岸的强大风暴潮,使水位高出正常潮位 3m 多。洪水冲毁了防护堤,淹没土地 80 万英亩,导致 2000 余人死亡;1970 年 11 月 12 日发生在孟加拉湾沿岸地区的一次风暴潮,曾导致 30 多万人死亡和 100 多万人无家可归。

风暴潮(图 1-10)按其诱发的不同天气系统可分为三种类型:热带风暴、强热带风暴、台风或飓风。台风和飓风都是产生于热带洋面上的一种强烈的热带气旋,只是发生地点不同,叫法不同,在北太平洋西部、国际日期变更线以西,包括南中国海范围内发生的热带气旋称为台风;而在大西洋或北太平洋东部的热带气旋则称飓风,也就是说在美国一带称飓风,在菲律宾、中国、日本一带叫台风。

图 1-10　风暴潮

(二)海啸

海啸在海岸带附近往往以灾难性的海浪形成巨大的破坏力。海啸形成的原因主要是海底地震或海底山崩,海啸在外海时由于水深,波浪起伏较小,不易引起注意,但到达岸边浅水区时,巨大的能量使波浪骤然升高,形成内含极大的能量,高达十几米,甚至数十米的"水墙",冲上陆地后所向披靡,对生命财产和自然环境摧残严重。2004 年 12 月 26 日,印度尼西亚苏门

图 1-11 日本福岛海啸

答腊岛附近海域发生里氏 9 级地震并引发海啸,造成印度洋沿岸各国人民生命和财产的重大损失。据不完全统计,本次海啸造成东南亚及非洲等 11 国共计 29.2 万人遇难;2011 年 3 月,里氏 9.0 级地震引发海啸导致福岛县两座核电站反应堆发生核泄漏,各类放射性物质大量外漏,造成了大量人员伤亡,引发巨大环境灾难,给日本及周边国家造成了巨大的经济损失,截至目前该地区仍未完全恢复(图 1-11)。

(三)灾害性海浪

灾害性海浪是海洋中由大风产生的具有灾害性破坏的波浪,其作用力可达 $30 \sim 40 t/m^2$。

海浪多指由当地的风作用下产生的海面波动。其中以风浪和涌浪最普遍。2004 年,我国近海海域共发生 35 次 4m 以上灾害性海浪,造成直接经济损失 2.07 亿元,死亡(含失踪)91 人。其中台风浪造成直接经济损失 1.06 亿元,死亡(含失踪)34 人,冷空气与气旋浪造成直接经济损失 1.01 亿元,死亡(含失踪)57 人。

(四)海洋灾害问题的预防措施及修复措施

1. 提高全民防灾减灾的意识

防灾减灾既是一项经济工作,更是一项社会工作,随着沿海开发力度的增大,我国沿海地区的灾害风险度和脆弱性也在增加。当前,要让全社会形成了解海洋灾害、认识海洋灾害、预防及远离海洋灾害的意识,特别是在中小学生中加强防灾减灾的宣传教育,提高学生的忧患意识,面对海洋灾害,形成"防患未然、处乱不惊、灾后重建"的科学态度。

2. 减少人类负面影响

如何实现海洋与海岸带综合管理是防治海洋灾害的关键。实际操作中可通过控制沿海采沙、禁止滥砍滥伐红树林和珊瑚礁、减少向海洋排污等有效手段保护海洋资源和环境。同时,可按照海洋功能区划,合理安排布局港口、城市、旅游点、工矿、农田等一切涉海活动,实现海洋的有序利用。

3. 加强减灾工程建设,积极应对全球变化

工程上可采取建设海堤和沿海防护林等技术措施修复沿海湿地,进而实现抵御风暴潮、海浪、海岸侵蚀的目的。同时,可通过在入海河流修建挡潮闸防止海水倒灌,通过地下水回灌减轻沿海地面下沉。通过工程措施和生物措施相结合的有效手段,提高减灾工程的质量和技术水平。

海洋灾害受全球气候变化影响深刻,全球海面上升及厄尔尼诺现象、拉尼娜等极端自然现象频发,这些问题都加剧了我国海洋灾害的暴发,因此为应对全球"海—气""海—陆"的变化,各沿海地区均应建立相应的应急预案。

4. 健全和完善预报预警系统及救援队伍

海洋灾害防治是一项系统工程,需要海洋、水利、交通、地震、农业、旅游、通信等多部门协作。通过卫星、船舶、基站、浮标等监测设备,建立健全灾害预报、预警网络体系,及时发布灾害信息,同时准确跟踪灾害发生、发展、移动、消亡轨迹,全面估价灾害损失。

除此之外,沿海地区还应建立一支装备精良的救援队伍,随时应对灾情救援。救援队伍应加强与国际海事组织、气象组织国际机构的通力合作,使我国海洋灾害监测、预警、救援成为全球海洋监测管理系统的有效组成部分。

六、外来物种入侵,生态平衡受到威胁

海洋、山脉、河流和沙漠为物种和生态系统的演变提供了天然的隔离屏障,但借助某种介质(如船舶压舱水、人类引进)的携引,某些物种可跨越隔离屏障到达新的生态环境和栖息地繁衍扩散,从生态系统角度考虑,该物种即为外来物种。

外来物种入侵是指生物物种由原产地通过自然或人为的途径迁移到新的生态环境的过程。一旦该外来物种在当地形成自我繁殖,并破坏当地的生态平衡,这种物种就称为外来有害入侵物种。

我国海洋船舶频繁地来往于世界各地,船舶空载时为满足稳性要求须装入压载水,许多细菌和动植物也被吸入船舱并被带进港口,在合适的条件下,带入生物物种会迅速地繁殖,从而对当地的生态、经济以及民众的生命健康构成威胁。据不完全统计,我国因为外来物种入侵导致的经济损失每年高达百亿元,给人们的生命财产带来了无法估量的损失。因此,如何有效控制外来物种的入侵,已成为保护我国生态安全的核心问题。

目前,我国危害严重的外来物种主要包括:紫茎泽兰、薇甘菊、空心莲子草、豚草、毒麦、互花米草、飞机草、凤眼莲、蔗扁蛾、湿地松粉蚧、美国白蛾、非洲大蜗牛、福寿螺、牛蛙等(图1-12)。

图1-12　入侵生物

互花米草又名大米草(图1-13),因其种子酷似米粒而得名。该物种是1894年在英国一个海湾天然杂交而成,具有繁殖快、群落长势强等特点。我国沿海地区的大米草于1963年从

图1-13　大米草

丹麦、荷兰和英国引进,在江苏海滨试种,原本是用于沿海护堤和改良土壤,同时兼具生产饲料和造纸原料使用,但该物种在引入以后的20年中得到爆炸性发展。由于其为宿根性强草本植物,根系发达,耐盐耐淹性极强,可通过人类活动及借助自然力量扩散传播,因此近年来,该物种得以在原引种地以外地段滋生蔓延,形成优势种群,排挤其他植物,对当地生物多样性构成极大威胁,严重威胁到当地的生态平衡。

目前,我国已经是世界上大米草面积最多的国家,黄河三角洲、渤海湾和江苏沿海一带已经大量繁殖蔓延。据统计资料显示,我国北起辽宁锦西,南至广西合浦的100多个县市的沿海滩涂均有大米草分布,该物种已严重威胁我国海岸生态安全。

研究发现大米草危害巨大,已经严重偏离我国最初引种的初衷,其目前发现的危害主要包括以下几方面:一是与滩涂养殖产品争夺营养物质,导致贝类、蟹类、藻类、鱼类等多种生物窒息死亡,同时与海带、紫菜海生植物等争夺营养,直接导致水产品养殖受到毁灭性打击;二是影响海水交换能力,导致水质下降并诱发赤潮。由于该物种根系十分发达,其盘根错节的生长直接导致生长区域的海水出现死水化,丧失主要物质交换能力,从而导致赤潮频发;三是与沿海滩涂本地植物竞争生长空间。该物种可每年以超过当地物种五六倍的速度自然繁殖扩散,从而侵占沿海滩涂植物的生长空间,致使大片红树林消亡;四是堵塞航道,影响各类船只出港,导致危险事故频发。

(1)外来入侵物种的危害:

①外来海洋生物入侵破坏生态安全,威胁生物多样性;

②破坏遗传多样性,造成遗传污染;

③带入病原生物;

④引发赤潮。

(2)预防外来海洋生物的入侵方法:

①加快制订防止海洋外来生物入侵的专项法规。首先,要制订入境船舶压舱水管理法规。其次,制订引进国外海洋生物的管理政策和法规。

②建立健全管理体系,提高生物输入的监管能力。

③加强国际合作,建立海洋外来入侵生物信息系统。

④提升科学研究能力,提高发现物种入侵的能力。

⑤加强科普教育,提高民众的防范意识。

第三节　海洋工程

一、海洋工程发展

海洋工程始于为海岸带开发服务的海岸工程。地中海沿岸国家早在公元前1000年已开始航海和筑港;我国也早在公元前306～前200年就在沿海一带建设港口,东汉(公元25—220

年)时开始在东南沿海兴建海岸防护工程;荷兰在中世纪初期开始建造海堤,进而围垦海岸滩涂,与海争地。长期以来,随着航海事业的发展和生产建设需求的增长,海岸工程得到了很大的发展,其内容主要包括海岸防护工程、围海工程、海港工程、河口治理工程、海上疏浚工程、沿海渔业工程、环境保护工程等。但"海岸工程"这个术语到 20 世纪 50 年代才首次出现,伴随着海洋工程水文学、海岸动力学和海岸动力地貌学以及其他相关学科的形成和发展,海岸工程学也逐步成为一门系统的技术学科。

从 20 世纪后半期开始世界人口和经济迅速膨胀,人民对蛋白质、能源的需求量也急剧增加,海洋生物成为满足需求的唯一来源。

与此同时,随着开采大陆架海域的石油与天然气,以及海洋资源开发和空间利用规模不断扩大,与之相适应的近海工程成为近年来发展最迅速的工程之一。其主要标志是出现了钻探与开采石油(气)的海上平台,作业范围已由水深 10m 以内的近岸水域扩展到了水深 300m 的大陆架水域。海底采矿由近岸浅海向较深的海域发展,目前已实现在水深 1000 多米的海域钻井采油,在水深 6000 多米的大洋进行钻探,在水深 4000m 的洋底采集锰结核。此外,海洋潜水技术发展也很快,目前已能进行饱和潜水,载人潜水器下潜深度可达 10000m 以上,还陆续出现了可进行潜水作业的海洋机器人。

由于大陆架水域的近海工程(或称离岸工程)和深海水域的深海工程均已远远超出海岸工程的范围,所应用的基础科学和工程技术也超出了传统海岸工程学的范畴,因此由其发展形成了新型的海洋工程。

海洋工程包括海岸工程、近海工程和深海工程。其中,前二者占有重要地位,涉及开发、工程建设、环境(含保护)等相互协调的问题,既要合理开发利用海洋资源,又尽量不破坏原生态环境。

海岸工程:自古以来就很受重视。主要包括海岸防护工程、围海工程、海港工程、河口治理工程、海上疏浚工程、沿海渔业设施工程、环境保护设施工程等。

近海工程:又称离岸工程。自 20 世纪中叶以来发展很快,主要涉及在大陆架较浅水域建造海上平台、人工岛等的工程建设内容,以及在大陆架较深水域的建设工程,如浮船式平台、移动半潜平台、自升式平台、石油和天然气勘探开采平台、浮式储油库、浮式炼油厂、浮式飞机场等建设项目,也包含采用潜水器、海底采矿等装置在海底进行开发作业的项目。

深海工程:包括无人深潜潜水器和遥控的海底采矿设施等建设工程。

由于海洋环境变化复杂,海洋工程除考虑海水条件的腐蚀、海洋生物的附着等作用外,还必须能承受地震、台风、海浪、潮汐、海流和冰凌等的强烈自然因素冲击,在浅海区还要经受得了岸滩演变和泥沙运移等的影响。

二、海洋工程建设项目及要求

海洋工程的结构形式很多,常用的有重力式建筑物、透空式建筑物和浮式结构物。

重力式建筑物主要适用于沿海浅水地区,如海堤、护岸、码头、防波堤、人工岛等。可修筑成斜坡式、直立式、混合式,以土、石、混凝土材料为主。

透空式建筑物主要适用于近海浅水海域软土地基,也适用于水深较大的海域,如高桩码头、浅海海上平台等。可造成固定式或移动式,以钢材和钢筋混凝土为主。

浮式结构物主要适用于深水海域,是一个大型的浮体,采用锚定系统或者动力定位系统固定于海面,如石油、天然气勘探开采平台、浮式储油库、炼油厂、电站、飞机场及海水淡化平台等,结构及附属设施以钢材为主。

上述结构形式中重力式和透空式建筑物属于土建范畴,能显著改善局部海域工作条件,但对环境影响大;浮式结构物属于造船范畴,对周围海洋环境影响小。除上述几种类型外,近10多年来还在发展无人深潜潜水器,用于遥控海底采矿的生产系统。目前我国海洋工程建设项目主要包括以下几方面:

①港口、码头、航道、滨海机场工程项目;

②造船厂、修船厂;

③滨海火电站、核电站、风电站;

④滨海物资存储设施工程项目;

⑤滨海矿山、化工、轻工、冶金等工业工程项目;固体废弃物、污水等污染物处理处置排海工程项目;

⑥滨海大型养殖场;

⑦海岸防护工程、砂石场和入海河口处的水利设施;

⑧滨海石油勘探开发工程项目;

⑨国务院环境保护主管部门会同国家海洋主管部门规定的其他海岸工程项目。

三、海岸工程建设内容及要求

当前我国海岸工程建设主要内容包括防护工程、围海工程及海港工程、河口治理工程等。

(1)海岸防护工程。采用海堤、护岸、保滩等设施来保护与划定海岸局部岸段的土地资源,用于水产养殖、草滩放牧、种植经济作物、旅游疗养、自然保护等。

(2)围海工程。采用围堤、堵坝、水闸等设施来圈围滩涂或海湾成陆域或封闭水域,形成围区,发展多种经营。

(3)兴建海港工程。包括修建防波堤、码头及修造船设施等以形成有掩蔽的水域及供船上下水的船坞等。

(4)河口治理工程。采用海上疏浚工程、河口整治工程保证航道畅通。

近些年,随着科技发展,海岸工程建筑物也随之发展,但总体需满足以下要求:

(1)建筑物或结构物要具有形成保护工作面的功能,并使工作面在海洋环境条件下发挥良好作用;

(2)该建筑物或结构物要在该海洋环境条件下生存、工作和实施;

(3)建筑物和结构物必须经久耐用。

第二章 海岸防护工程

众所周知,海岸带的海洋资源十分丰富,而沿海自然条件复杂,不同岸段有各自的海洋环境特征。因此,海岸带资源开发与海岸环境特点相对应,常需采用海岸工程设施才能取得相应成效。通常海岸工程设施包括海岸防护工程、围海工程、海港工程和河口治理工程等,而海岸防护工程是海岸带保护环境与资源、保证资源开发利用的重要基础设施,应首先给予足够的重视。

海岸防护工程是指保护沿海城镇、工业、农田、盐场和岸滩的工程,即防止风暴潮的泛滥淹没、抵御波浪与水流侵蚀与淘刷的各种工程设施,主要包括海堤、护岸和保滩工程。

海岸防护工程也可用于保护与划定沿海局部岸段的岸滩,形成可利用土地资源的综合开发区,从而用于水产养殖、草滩牧放、种植经济作物、旅游疗养、自然保护等。

第一节 海 堤

一、海堤概念及组成

在河口、海岸地区,为了防止大潮的高潮和风暴潮的泛滥及其伴随风浪的侵袭造成土地淹没,在沿岸原有地面上修筑的一种专门用来挡水的建筑物称为海堤,如图 2-1 所示。在我国江苏长江以南和浙江一带也称为海塘。

图 2-1 海堤

通常海堤由堤身、镇压层、消浪防护设施和堤后管理道路、护堤池、沿堤涵闸等设施组成。

二、防护标准

(一)海堤保护级别的确定因素

通常海堤保护级别由以下几种因素确定：
(1)保护岸段的重要性；
(2)保护工程的规模及投资；
(3)保护岸段的实际经济效益。

根据《海堤工程设计规范》(SL 435—2008)，海堤工程防护对象的防护标准可按表 2-1 选取。

海 堤 防 护 标 准   表 2-1

海堤工程防潮(洪)标准 [重现期(年)]			≥200	200~100	100~50	50~20		20~10
海堤工程防护对象类别与规模	城市	重要性	特别重要城市	重要城市	中等城市	一般城镇		—
		城镇人口 (万人)	≥150	150~50	50~20	≤20		—
	乡村	防护区人口 (万人)	—	—	≥150	150~50	50~20	≤20
		防护区耕地 (万亩)	—	—	≥300	300~100	100~30	≤30
	工矿企业	规模	—	特大型	大型	中型		小型
	海堤特殊保护区	高新农业 (万亩)	—	≥100	100~50	50~10	10~5	≤5
		经济作物 (万亩)	—	≥50	50~30	30~5	5~1	≤1
		水产养殖业 (万亩)	—	≥10	10~5	5~1	1~0.2	≤0.2
		高新技术开发区 (重要性)	特别重要		重要	较重要		一般

对遭受潮(洪)水灾害或失事后损失巨大,影响十分严重的海堤工程,其防潮(洪)标准可适当提高。

对遭受潮(洪)水灾害或失事后损失和影响较小的海堤工程,其防潮(洪)标准可适当降低。

采用高于或低于规定防潮(洪)标准进行海堤工程设计时,其使用标准应经充分论证后,报行业主管部门批准。

海堤工程上的闸、涵、泵站等建筑物和其他构筑物的设计防潮(洪)标准不应低于海堤工程的防(洪)标准,并且设计时应留有适当的安全富裕。

(二)工程分级

工程的分级标准主要是通过设计重现期来体现,主要体现在工程建筑物设计潮位、设计波高的重现期问题。

根据现场长期实测潮位或波高资料,取每年的极值 x 进行频率分析,获得其长期统计的分布函数 $F(x)$,则大于或等于极值 x 的重现期,可定义为:

$$T(x) = \frac{1}{1 - F(x)} \tag{2-1}$$

极值 x 越大,其相应出现的周期(年)越长,故常称为多少年一遇的重现期。

式(2-1)中由于长期分布函数 $F(x)$ 难以准确获得,因此实际设计高潮位与设计波高确定方法如下。

1. 设计潮位

设计潮位一般采用频率分析法确定。通常情况下潮(水)位资料宜不小于 20 年,设计潮(水)位频率分析选用的线型在海岸地区可采用极值 Ⅰ 型或皮尔逊 Ⅲ 型分布取线,而在受径流影响的潮汐河口地区宜采用皮尔逊 Ⅲ 型分布曲线。

(1)极值 Ⅰ 型分布:

对 n 年连续的年最高或最低潮(水)位系列 h_i,可按下式计算确定统计参数与年频率为 P 的潮(水)位。

潮差系列均值:

$$\bar{h} = \frac{1}{n} \sum_{i=1}^{n} h_i \tag{2-2}$$

方差:

$$S = \sqrt{\frac{1}{n} \sum_{i=1}^{n} h_i^2 - \bar{h}^2} \tag{2-3}$$

年频率为 P 的潮位:

$$h_p = \bar{h} \pm \lambda_{pn} S \tag{2-4}$$

式中:λ_{pn}——与年频率 P 及资料年数有关的系数,可查《海堤工程设计规范》(SL 435—2008)。

(2)皮尔逊 Ⅲ 型分布:

潮差系列均值:

$$\bar{h} = \frac{1}{n} \sum_{i=1}^{n} h_i \tag{2-5}$$

均方差:

$$C_v = \sqrt{\frac{1}{n-1} \sum_{i=1}^{n} \left(\frac{h_i}{\bar{h}} - 1 \right)^2} \tag{2-6}$$

年频率为 P 的潮位:

$$h_p = \bar{h}K_P \qquad (2-7)$$

式中：$\bar{h}$——潮（水）位序列的均值；

    h_i——第 i 年的年最高或最低潮（水）位值；

    C_v——潮（水）位序列的离差系数；

    h_p——年频率为 P 的年最高或最低潮（水）位；

    K_P——皮尔逊Ⅲ型频率曲线的模比系数。

（3）同步差比：

当缺乏长期实测资料时，但有不少于 5 年连续的观测最高潮位资料，则设计最高潮位可采用同步极值差比法与邻近具有不少于 20 年连续观测资料的测站进行相关分析。

$$h_{pY} = A_{NY} + \frac{R_Y}{R_X}(h_{pX} - A_{NX}) \qquad (2-8)$$

式中：h_{pY}、h_{pX}——待求站与长期站的设计高潮（水）位，m；

    A_{NY}、A_{NX}——待求站与长期站的平均海平面高程，m；

    R_Y、R_X——待求站与长期站的同期各年年最高潮（水）位的平均值与平均海平面的差值，m。

在采用极值同步差比法计算时，待求站与长期站之间应符合下列条件：

①潮汐性质相似；

②地理位置相邻；

③受河流径流（包括汛期）的影响近似；

④受增减水的影响近似。

对于重要的海堤工程，当缺乏实测潮（水）位观测资料时，应设立临时潮位观测站，且观测周期不应少于 1 年。

通常情况下根据防潮重现期，可按照表 2-2 确定海堤的工程级别。

海堤的工程级别   表 2-2

防潮（洪）标准 [重现期（年）]	≥100	100～50	50～30	30～20	<20
海堤的工程级别	1	2	3	4	5

2. 设计波要素

设计波浪和设计风速的重现期宜采用与设计高潮位相同的重现期，根据规范规定计算各波浪要素：

波长：

$$L = \frac{g\bar{T}^2}{2\pi} = \tanh\frac{2\pi d}{L} \qquad (2-9)$$

有效波周期：

$$T_s = 1.15\bar{T} \qquad (2-10)$$

波高设计频率：

$$P_b = \frac{a}{bn} \qquad (2-11)$$

式中：a——波浪观测资料年数；

n——观测资料总数;

b——重现期。

在进行波要素设计时要进行风统计、波浪统计、波浅水变形计算、波浪爬高计算、越浪计算以及波浪作用力计算。

三、堤线布置与堤形选择

(一)堤线布置要求

堤线布置应依据防潮(洪)规划和流域、区域综合规划或相关的专业规划,结合地形、地质条件及河口海岸和滩涂演变规律,考虑拟建建筑物位置、已有工程现状、施工条件、防汛抢险、堤岸维修管理、征地拆迁、文物保护和生态环境等因素,经技术经济比较后综合分析确定。

(二)堤线布置应遵循以下主要原则:

(1)堤线布置应服从治导线或规划岸线的要求。

(2)堤线走向宜选取对防浪有利的方向,避开强风和波浪的正面袭击。

(3)堤线布置宜利用已有旧堤线和有利地形,选择工程地质条件较好、滩面冲淤稳定的地基,避开古河道、古冲沟和尚未稳定的潮流海等地层复杂的地段。

(4)堤线布置应与入海河道的摆动范围及备用流路统一规划布局,避免影响入海河道、入海流路的管理使用。

(5)堤线宜平滑顺直,避免曲折转点过多,转折段连接应平顺,迎浪向不宜布置成凹形。无法避免时,凹角应大于150°。

(6)堤线布置与城区景观、道路等结合时,应统一规划布置、相互协调,应结合与海堤交叉连接的建(构)筑物统一规划布置,合理安排、综合选线。

(三)分类形式

海堤的断面结构形式及其尺度的确定与当地的水深、海岸动力因素、地基特性、筑堤材料来源和施工条件等有关。海堤断面可以分成斜坡堤和陡墙堤两种主要形式,以及两者结合的混成堤形式(图2-2)。

1. 斜坡堤

这是最常用的断面形式,主要为梯形断面,内外可采用单一斜坡,外坡比内坡较坦,坡度$1/m$通常都小于$1:1(m > 1)$或坡角小于45°。为了节省土方,也有设计将外坡改成折坡,高潮位以上保留较坦坡度有利于消减波浪作用,高潮位以下改用陡坡,有利于节省材料。在地基较软弱、波浪作用较强的情况下,临海一侧的外坡常采用平均高水位处加设平台。该方式有利于削减波浪能量,降低地基荷载,便于施工与管理。平台上、下也可采用不同坡度,上坡可较陡使波浪爬高减小,降低堤顶高程。斜坡堤堤身一般用当地土料填筑或吹填,外坡直接承受波浪、水流作用,需采用人工护面以保障堤身安全。护面常用块石(干砌或浆砌)、混凝土块(或板)等结构形式,护面下设置碎石垫层反滤,内坡可采用草皮防护,在水浅、浪小、地高的岸段,外坡也可采用植物护坡(图2-3)。

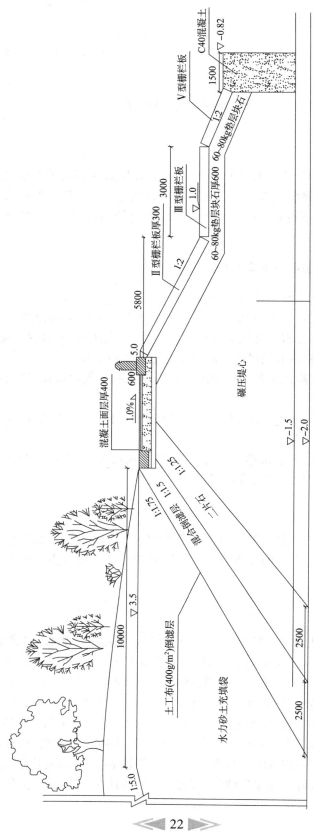

图 2-2 斜坡复合式生态堤防断面图（尺寸单位：mm）

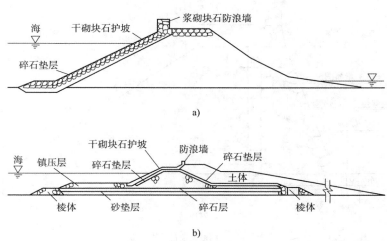

图 2-3 斜坡堤断面图

斜坡堤的优点：

①消浪性能好；

②有较高的整体稳定性,适应地基变形能力强；

③结构简单,施工方便；

④可就地取材,损坏易修补。

斜坡堤的缺点：

①施工方量及占地面积大；

②施工易受海上动力因素影响。

2. 陡墙堤

这是以往采用较多的传统断面形式,临海一侧用块石修筑成陡墙(直墙),墙后堆填砂或沙土,内坡与斜坡堤同(图2-4)。

墙体要求在波浪作用下保持稳定,通常可采用混凝土方块砌筑或者用混凝土沉箱建造。为防止水流、波浪淘刷堤脚,常在海堤坡脚处抛石、抛混凝土块或修筑块石棱体等。在软土地基上修建海堤,还需进行软基加固处理。

陡墙堤的优点：

①占地面积小,工程量小；

②直墙面可泊船。

陡墙堤的缺点：

①地基应力集中,沉降量大；

②堤身波压力大,墙前底流速高；

③易造成墙角淘刷损坏且维护难度大。

3. 混成堤

为了取长补短,发挥斜坡和陡墙的优点,采用兼有两种断面形式的混成堤(图2-5)。

一种是下部为陡墙,平均高潮位以上为斜坡,在陡墙前增设一镇压层,防止墙前地基被挤壅高和波浪淘刷。另一种是下部为较陡斜坡,上部为陡墙。混成堤适用于堤前水深较大的岸段。

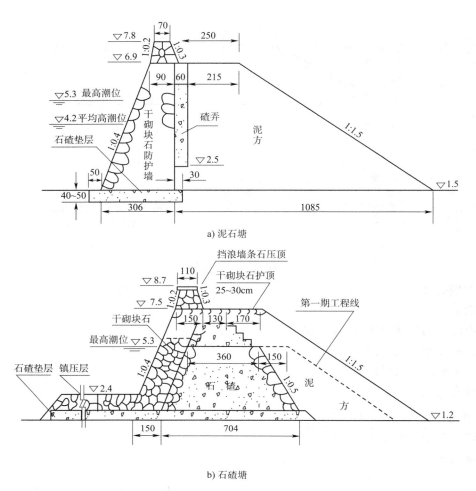

a) 泥石塘

b) 石碴塘

图2-4　陡墙堤断面图(尺寸单位:cm,高程单位:m)

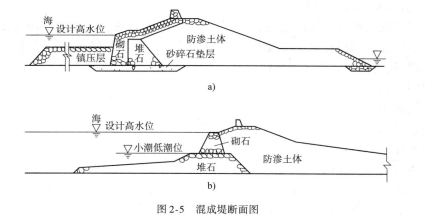

a)

b)

图2-5　混成堤断面图

四、堤 身 设 计

(一)堤顶高程

堤顶高程应根据设计高潮(水)位、波浪爬高及安全加高值按式(2-12)进行计算,并应高出设计高潮(水)位 1.5~2.0m。

$$Z_p = h_p + R_F + A \tag{2-12}$$

式中：Z_p——设计频率的堤顶高程，m；

    h_p——设计频率的高潮(水)位，m；

    R_F——按设计波浪计算的累积频率为的波浪爬高值(海堤按不允许越浪设计时 $F=2\%$，按允许部分越浪设计时取 $F=13$)；

    A——安全加高值，按表 2-3 规定选取。

安全加高值(单位:m)   表 2-3

海堤工程级别	1	2	3	4	5
不允许越浪 A	1.0	0.8	0.7	0.6	0.5
允许越浪 A	0.5	0.4	0.4	0.3	0.3

(二)断面设计

堤身断面应根据堤基的地质、筑堤材料、结构形式、波浪、施工、生态、景观及现有堤身结构等条件，经稳定计算和技术经济比较后确定。

堤身断面设计应遵循以下原则：

(1)斜坡式断面堤身高度大于 6m 时，背海侧坡面宜设置马道，宽度宜大于 1.5m。对波浪作用强烈的堤段，宜采用复合斜坡式断面，在临海侧设置消浪平台，平台高程宜位于设计高潮(水)位附近或略低于设计高潮(水)位，平台宽度可为设计波高的 1~2 倍，且不宜小于 3m。

(2)陡墙式断面临海侧宜采用重力式或箱式挡墙，背海侧回填土料，底部临海侧基础应采用抛石等防护措施。

(3)混合式断面堤身高度大于 5m 时，临海侧平台可按(1)款规定设置消浪平台。

(三)堤顶

堤顶结构包括防浪墙、堤顶路面、错车道、上堤路、人行道口等，应符合以下规定：

(1)防浪墙宜设置在临海侧，堤顶以上净高不宜超过 1.2m，埋置深度应大于 0.5m。风浪大的防浪墙临海侧，可做成反弧曲面，且每隔 8~12m 设置一条沉降缝。

(2)堤顶路面结构应根据用途和使用管理的要求，结合堤身土质条件进行选择。堤顶与交通道路相结合时，其路面结构应符合交通部门的有关规定。

(3)错车道应根据防汛和管理需要进行设置。堤顶宽度不大于 4.5m 时，宜在堤背海侧选择有利位置设置错车道，错车道处的路基宽度应不小于 6.5m，有效长度应不小于 20m。

(4)生产、生活有需要时，在保证工程安全的前提下可在堤顶防浪墙上开口，但应采取相应的防浪措施。

不包括防浪墙的堤顶宽度应根据堤身整体稳定、防汛、管理、施工的需要按表 2-4 确定。

堤 顶 宽 度 值   表 2-4

海堤级别	1	2	3
堤顶宽度(m)	≥5	≥4	≥3

(四)护面

海堤护面应根据具体情况选用不同的护面形式。

对于受海流、波浪影响较大的凸、凹岸堤段,需加强护面结构强度。

浆砌块石、混凝土护坡及挡墙应设置沉降缝、伸缩缝;斜坡式海堤临海侧护面可采用现浇混凝土、浆砌块石、混凝土灌砌石、干砌块石、预制混凝土异型块体、混凝土砌块和混凝土栅栏板等结构形式,并应符合下列要求:

(1)波浪小的堤段可采用干砌块石或条石护面。干砌块石、条石厚度应符合要求,且其最小厚度不应小于30cm。护坡砌石的始、末处及建筑物的交接处应采取封边措施。

(2)可采用混凝土或浆砌石框格固定干砌石来加强干砌石护坡的整体性,并应设置沉降缝。

(3)浆砌石或灌砌块石护坡厚度应满足要求,且不应小于30cm。

(4)对不直接临海堤,护坡设计应沿堤线采取生态恢复措施。

(5)护面采用预制混凝土异型块体时,其质量、结构和布置均应满足要求。

(6)反滤层可采用自然级配石渣铺垫,其厚度为20～40cm,底部也可铺土工织物。

五、施 工 要 求

(一)砂垫层

(1)砂垫层抛填时,应考虑水深、水流和波浪等自然条件对砂粒产生漂流的影响,可通过试抛确定抛砂船的驻位。当水深较深、流速较大时,宜采用泥驳抛砂或其他措施。

(2)抛砂应采取分段施工,砂垫层抛填后应及时用块石等覆盖。分段的长度应根据自然条件和施工条件确定。

(3)垫层的质量要求:

①砂垫层的顶面高程不高于设计高程0.5m,不低于设计高程0.3m,砂垫层厚度不小于设计厚度。

②砂垫层的顶面宽度不小于设计宽度,每侧超宽不大于3m,当有基槽时不超出已挖基槽宽度。

(4)砂的粒径应符合设计要求,含泥量不宜大于5%。

(二)土工织物垫层

(1)铺设土工织物前,应对砂垫层进行整平,其局部高差:水下不大于200mm;陆上不大于100mm。

(2)土工织物宜事先加工成铺设块。铺设块的宽度宜为8～15m,铺设的长度应按设计堤宽加上一定富余长度。水下铺设富余长度宜为1.5～2.5m;陆上铺设富余长度宜为0.5～1.0m。

(3)土工织物铺设块的拼缝宜采用"丁缝"或"包缝"连接,但在长度方向(主要受力方向)不得有接头缝。

(4)土工织物铺设宜按下列方法进行:

①先将土工织物一端固定在定位桩上,用重物(砂袋、碎石袋)压稳固定;

②水下铺设由潜水员指挥并配合工作船将土工织物沿导线和导轨平缓展开并不断拉紧;

③随土工织物的铺展,及时抛压砂袋或碎石袋;

④土工织物尾端应按设计要求固定,并用砂袋或碎石袋压稳。

(5)相邻两块土工织物应搭接吻合,搭接长度:水下不小于1000mm;陆上不小于500mm。

(6)水下铺设土工织物应顺水(潮)流方向进行,在潮流较大区域宜在平潮时施工。

(7)土工织物应拉紧、铺平,避免产生皱褶。

(8)水下土工织物铺设后应及时抛(回)填,防止风浪损坏;陆上土工织物铺设后,应及时覆盖,防止日晒老化。

(三)石料质量要求

(1)斜坡堤的堤心石,可采用10~100kg的块石;

(2)对工程量较大,石料来源缺乏的地区,经论证可采用开山石、石渣或袋装沙土等代用材料;

(3)袋用材料与垫层块石间宜有足够厚度的10~100kg的块石;

(4)开山石应有适当的级配,开山石和石渣的含泥量应小于10%;

(5)石料的外观质量要求不成片状,无严重风化和裂纹。

(四)软土地基上的抛石顺序要求

(1)当堤侧有块石压载层时,应先抛压载层,后抛堤身;

(2)当有挤淤要求时,应从断面中间逐渐向两侧抛填;

(3)当设计有控制抛石加荷速率要求时,应按设计要求设置沉降观测点,控制加荷间歇时间。

(五)护面体要求

(1)安放人工块体前,应检查块石垫层厚度、块石质量、坡度和表面平整度,不符合要求时,应进行修整。

(2)人工块体应自下而上安放,底部的块体应与水下棱体接触紧密。

(3)扭工字块的安放,应满足下列要求:

①采用定点随机安放时,可先按设计块数的95%计算网点的位置进行安放,完成后应进行检查或补漏。

②采用规则安放时,应使垂直杆件安放在坡面下面,并压在前排的横杆上,横杆置于垫层块石上,腰杆跨在相邻块的横杆上。

(4)扭王字块体的安放可采用扭工块体的定点随机安放方法。块体在坡面上可斜向放置,并使块体的一半杆件与垫层接触,但相邻块体摆向不宜相同。

(5)四脚空心方块和栅栏板的安放,块体间应互相靠紧使其稳固,但不宜用二片石支垫,坡面与坡肩连接处的三角缝可用块石等填塞。

(6)人工块体安装的允许偏差应满足下列要求:

①对扭王字块和四脚锥体,其安放的数量与设计的数量的偏差为±5%。对扭工字块体,其安放的数量不宜低于设计要求。

②对四脚空心方块和栅栏板的安放,其相邻块体的高差不应大于150mm,砌缝的最大宽

度不应大于100mm。

六、软基处理

(一)处理措施

(1)对浅埋的薄层软土予以挖除换填;

(2)厚度较大不易挖除或者挖除不经济时,可采用铺垫透水材料加速排水和扩散应力;

(3)软基可采用排水砂井和塑料排水带等加速固结;

(4)在软黏土地基上筑堤,可采用控制填土速率法进行固结排水;

(5)在软黏土地基上修筑堤防,可采用振冲法和搅拌桩等方法固结;

(6)失陷性黄土地基上修筑堤防,可采用预先浸水法和重锤夯实法处理。

(二)海堤软基主要处理方法

(1)堆载预压法。该方法是在人工外荷载作用下,从软黏土的孔隙中把水挤出,使孔隙变小,土体密实,消除沉降,减少压缩性,改善强度,从而让土提高承载力增加稳定性。具体做法是:在地基土中打入砂井或者挤塑排水板,利用其作为排水通道,缩短孔隙水排出的途径。同时在砂井顶部铺设砂垫层,砂垫层上部加载,增加土中的附加应力。地基土在附加应力的作用下产生超静水压力,并将水排出土体。使地基土提前固结,以增加地基土的强度。在堆载作用下,土的加固过程就是孔隙水压力消散和有效应力增加的过程。

预压荷载一般取建筑物基底的压力。实际施加的荷载 = 预压荷载 + 由于高程不够或因沉降使地面高程低于设计高程而回填部分的土重。

加载范围应大于建筑物基础外缘所包围的范围;加载速率应与地基土增长的强度相适应。

堆载预压法优点:

①工艺原理简单,材料来源丰富;

②施工操作简单易行。

缺点:

①堆载预压沉降周期长,适合工期相对充裕项目;

②一旦处理软土层较厚,排水固结所需时间长,且需较多的堆载材料。

(2)真空预压法是在加固区内打设竖向排水通道后,其上覆膜形成密闭状态,抽去水和空气而产生真空,将大气压力作为压载的方法。

真空预压法的机理与堆载法不同,它是通过降低地基的孔隙水压力,达到提高地基有效应力,从而加速地基固结的目的。

排水固结法处理地基,当采用 $\phi 70$ 袋装砂井和塑料排水板作为竖向通道时,其间距一般在 $1.0 \sim 1.5 \mathrm{m}$。竖向排水通道长度取决于工程要求和土层情况,软土不厚时可打穿整个软土层;较厚时根据稳定及沉降要求确定;对以地基稳定性控制的工程,竖向排水通道深度应以至少应超过最危险滑动面2m。

(三)海堤软基处理施工工艺

1. 堆载预压法工艺

采用堆载预压法进行软基处理,主要经过插打袋装砂井或者挤塑料排水板、铺设砂垫层、堆载、观测、检验等工艺流程,主要流程如图2-6所示。施工时应注意袋砂井和塑料排水板打设后,至少应露出砂垫层顶面50cm。堆载预压时,应根据设计要求分级加载,通过观测水平位移和垂直位移控制加载速率。在打设排水板之前,应测出原地基表面的高程作为控制依据。堆载过程中应每天进行沉降、位移、孔隙水等指标的观测。控制标准为边桩水平位移每昼夜沉降量应小于5mm,基地中心沉降每昼夜应小于10mm。工程结束后应进行静力触探、十字板剪切试验和室内土工试验,必要时应进行现场荷载试验。

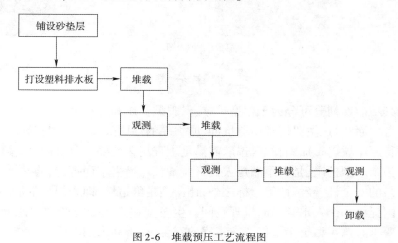

图2-6 堆载预压工艺流程图

2. 真空预压法工艺

采用真空堆载预压法处理海堤软土地基,需经过铺设砂垫层、插打挤塑排水板、铺设排水管道、安装射流泵、抽真空等步骤。具体工艺流程如图2-7所示。真空预压的抽气设备宜采用射流泵,空抽时必须达到95kPa以上的真空吸力,密封膜应采用抗老化性能好、韧性好、抗穿刺能力强的不透气塑料膜。真空预压工程应进行真空度、沉降、位移、孔隙水等观测,膜下真空度应稳定在85kPa以上。沉降稳定标准为:实测地面沉降速率连续5~10d平均沉降量小于或等于2mm/d。

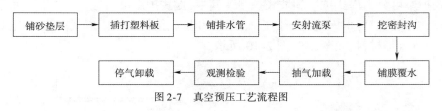

图2-7 真空预压工艺流程图

第 二 节 护 岸

一、护 岸 概 念

在河口、海岸地区,对原有岸坡采取砌筑加固的工程措施,用以防止波浪、水流的侵袭、淘刷,和在土压力、地下水渗透压力作用下造成的岸坡崩塌(图2-8)。

海堤和护岸功能相近,不同的是,前者防止海水淹没,后者防止岸坡坍塌。

图 2-8　护岸图

二、护岸分类

护岸根据其功能性划分可分为工程型护岸、景观型护岸和生态型护岸。其中,工程型护岸多是出于安全考虑而实行,主要用于岸坡抗冲、防坍塌的加固处理。工程实施时多数采用混凝土或者块石进行原岸坡砌筑加固,材料选取需满足工程耐久性要求及抗冲、抗侵蚀要求。景观型护岸也可称为亲水型护岸,是为了满足人们日益增长环境需求而打造,通常该类型护岸除了满足工程上所需的安全性、经济性等指标之外,还需满足舒适性,即人们日常活动的感观体验,为人们日常休闲提供一个人水合一的景观空间。生态型护岸牵扯复杂的生态问题,需满足生境系统的综合要求。该类型护岸不仅考虑工程的安全、经济和人们的亲水需求,还需考虑生态问题和环境问题,满足生物的多样性和食物链的复杂性的生境要求,为其他亲水生物提供有效的活动栖息空间。

工程护岸可分成斜坡式护岸和陡墙式(包括直墙式)岸壁两种形式,也有采用两者结合的护岸。

三、斜坡护岸

(一)分类

斜坡式护岸可分为堤式护岸和坡式护岸。其中,堤式护岸可由堤身、护肩、护面、护脚和护底结构组成;坡式护岸可由岸坡、护肩、护面、护脚和护底结构组成。堤式护岸的堤身可采用块石、袋装砂和石渣等材料,如图 2-9、图 2-10 所示。

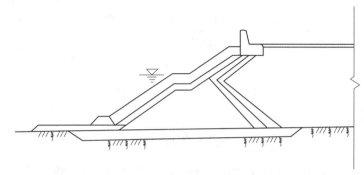

图 2-9　堤式断面形式示意图

斜坡式护岸的断面形式应根据水位、波浪、地质、地形条件、使用要求及施工方法等确定。

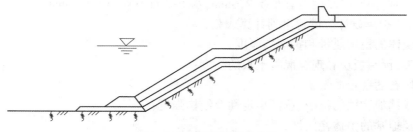

图 2-10 坡式断面形式示意图

(二)斜坡护岸断面设计

(1)斜坡式护岸顶高程由以下方法予以确定:

①允许上浪的沿海港口护岸,顶高程宜定在设计高水位以上 0.8 ~ 1.0 倍设计波高处,并应高于极端高水位。

②不允许上浪的沿海港口护岸,岸顶高程可按下式确定:

$$Z_c = H + R + \Delta \tag{2-13}$$

式中:Z_c——岸顶高程,m;

H——设计高水位,m;

R——波浪爬高,m,由《海港水文规范》确定;

Δ——富裕值,可由使用要求和护岸的重要性确定。

(2)斜坡式护岸的边坡、护肩、胸墙、肩台和护脚通常可按下列情形考虑:

①护岸的边坡宜采用 1:1.5 ~ 1:3.5。沿海港口的护岸,采用变坡或不同的护面块体时,其分界点宜在设计低水位以下 1.0 倍的设计波高值处。

②护肩宽度可取 1.0 ~ 3.0m,厚度应根据使用要求确定。

③设置胸墙或挡浪墙时,胸墙可采用 L 形或反 L 形。当胸墙前斜坡护面为块石或人工块体时,墙前坡肩宽度不应小于 1.0m,且至少应能安放排一排护面块体。

④堤式护岸堤身顶宽宜根据胸墙底宽、施工条件等确定。

⑤允许上浪的护岸,临岸地面宜设 3% 左右的横向排水坡度。

⑥设置肩台的护岸,肩台宽度不宜小于 2.0m,其顶高程可根据护岸整体稳定和施工条件确定。

⑦护脚可采用抛石棱体、脚槽、基础梁和板桩等形式当护脚采用抛石棱体时,棱体的顶高程宜按低于设计低水位减 1.0 倍设计波高确定;棱体的顶宽不宜小于 2.0m,棱体的厚度不宜小于 1.0m,棱体的外坡坡度不宜陡于 1:1.5。

(3)斜坡护岸护底护面可按以下几方面设计:

①易冲刷地基上的护岸,应采取护底措施,护底范围应根据波浪、水流、冲刷强度和土质条件确定。护底宜采用块石、软体排和石笼等结构。

②可冲刷地基上的斜坡式护岸,当采用抛石棱体护脚时,应设置厚度不小于 0.5m 的 10 ~ 100kg 块石垫层。

③斜坡式护岸的护面结构可采用混凝土人工块体、干砌块石、干砌条石、浆砌块石、栅栏板、混凝土板及模袋混凝土等。

④当采用现浇混凝土板块和预制混凝土板块时,护面层厚度不宜小于 80mm;当采用模袋混凝土时,护面层厚度不宜小于 150mm;当采用浆砌块石时,护面层厚度不宜小于 200mm;当

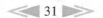

采用干砌块石时,护面层厚度不宜小于250mm;水下抛石不宜小于600mm。

（4）斜坡式护岸设计应进行下列计算或验算：

①护面块体的稳定质量和护面层厚度；

②棚栏板、预制板块和现浇混凝土板的强度；

③护底块石的稳定质量；

④胸墙或挡浪胸墙的抗滑、抗倾稳定性及结构强度；

⑤岸坡及地基的整体稳定性；

⑥沉降计算。

四、直墙护岸

（一）分类

直立式护岸可分为现浇混凝土、浆砌块石、混凝土方块、板桩、加筋土岸壁、扶壁或沉箱等结构形式,如图2-11～图2-16所示。

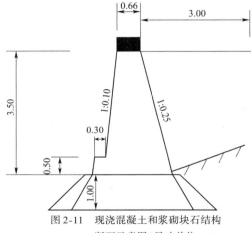

图2-11　现浇混凝土和浆砌块石结构断面示意图（尺寸单位:m）

（二）基本规定

（1）直立式护岸上部结构可采用现浇混凝土或钢筋混凝土,结构临水面根据挡浪情况可采用直立面或弧面。

（2）墙体高度大于3m时,在墙顶上根据安全需要可设置高度不小于1.0m的护栏。

（3）通过城镇的直立式护岸,当需设置踏步时,不应影响航道宽度及行洪断面。

（4）护岸沿长度方向应设置变形缝。变形缝间距根据气温况、结构形式、地基条件和基床厚度等确定,其间距可取15～30m,缝宽可取20～50mm,并做成上下垂直通缝。现浇混凝土或浆砌石护岸结构的变形缝宜采用弹性材料填充。

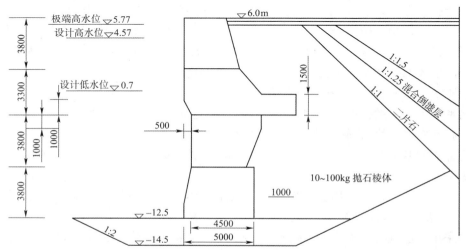

图2-12　混凝土方块结构断面示意图（尺寸单位:mm）

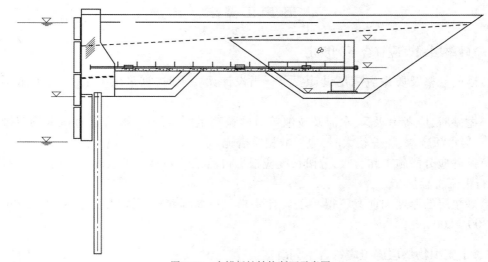

图 2-13　有锚板桩结构断面示意图

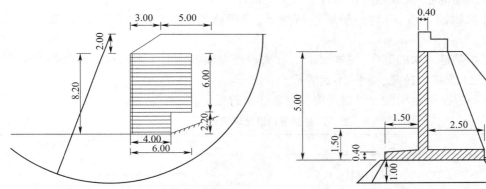

图 2-14　加筋土岸壁断面示意图(尺寸单位:m)

图 2-15　扶壁结构断面示意图(尺寸单位:m)

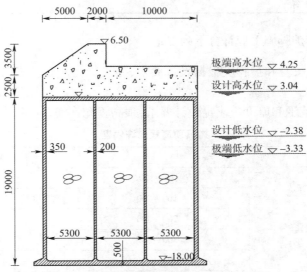

图 2-16　沉箱结构断面示意图(尺寸单位:mm)

五、施 工 要 求

(一)砂垫层铺设应符合下列规定

(1)砂的规格及质量应满足设计要求。当设计无要求时,宜采用中粗砂,含泥量不宜大于5%。

(2)抛砂时,应考虑水深、水流及波浪等对砂粒产生漂流的影响,宜通过试抛确定抛砂船的驻位。当水深较深、流速较大时,应采取相应措施。

(3)抛砂应分段施工和验收,分段长度应根据自然条件和施工工艺确定。抛砂验收后,应及时进行上部覆盖施工。

(4)砂垫层的厚度和顶宽不得小于设计要求。顶高程允许偏差,陆上为+30~20mm;水下为+300~200mm。

(二)土工织物垫层施工应符合下列规定

(1)土工织物的品种、规格及技术性能应满足设计要求。

(2)土工织物铺设前,应对砂垫层进行整平,局部高差,水下不大于200mm,陆上不大于100mm。

(3)土工织物铺设块的宽度,应根据施工方法和能力确定。土工织物拼幅宜采用"包缝"或"丁缝"。土工织物应拉紧、铺平、不起皱褶。

(4)土工织物垫层铺设的允许偏差应符合表2-5的规定。

土工织物垫层铺设允许偏差 表2-5

序　号	项　目	位　置	允许偏差(mm)
1	相邻块搭接长度	水下	±L/5
		陆上	±100
2	垂直堤轴线偏差	水下	±1500
		陆上	±500

(三)护底、堤身、护脚施工应符合下列规定

(1)护岸的护底、堤身和护脚应根据设计要求,施工能力和自然条件等分层、分段呈阶梯状施工。

(2)抛石护底的范围和厚度应满足设计要求,顶高程允许偏差应符合表2-6规定。

抛石顶高程允许偏差 表2-6

项　目		允许偏差(mm)
抛石块体重量(kg)	10~100	±400
	100~200	±500
	200~300	±600
	300~500	±700
	500~700	±800
	700~1000	±900

（3）堤身块石抛填应符合下列规定。

①水上抛填应根据水深、水流及波浪等自然条件对块石产生的漂流影响，通过试抛确定抛石船的驻位，先粗抛，再细抛。

②陆上推进抛填时，可视水深、地基承载力和波浪影响情况，一次抛填到顶或分层阶梯状抛填到顶。

③软土地基上的抛填应满足下列要求：

a. 抛填的程序、分层厚度和加荷速率应满足设计要求；

b. 当有挤淤要求时，宜从堤轴线逐渐向两侧抛填。

（四）护岸材料要求

（1）坚固耐久，抗冲刷抗磨损性能强；

（2）适应地基变形能力强；

（3）便于施工修复加固；

（4）可就地取材，经济合理。

第三节　保　　滩

一、保滩概念

在河口、海岸地区，采取保护滩涂的工程措施，用于防止滩面泥沙被波浪、水流淘刷，引起剥蚀（图 2-17）。

图 2-17　保滩

二、保滩工程作用

保滩工程除了能直接地保护滩涂外，也间接地对堤岸有保护功能；

保滩设施将局部地改善岸边动力环境，有利于维护滩涂，有利于泥沙落淤；

保滩工程能促使滩面涨高与扩展，更有效地减缓波浪、水流对堤岸的侵蚀与袭击。

三、保滩建筑物及设施

保滩工程中使用得最多的、效果明显的设施，是传统的丁坝和顺坝及其群体组合，丁坝与顺坝对动力环境影响各有其特点，也有不同的适用范围，对复杂的滩涂岸段和动力环境，常需运用丁坝群或丁坝与顺坝组合才能取得成效(图2-18)。

图2-18　丁坝与顺坝

1. 丁坝

将坝体与岸线布置成"丁"字形,故称丁坝,其坝根与堤、岸连接,坝头伸入海域一定距离。因此,丁坝能将沿岸水流或逼近岸的水流挑离岸边,并拦截部分沿岸漂沙,使之在岸边落淤。同时,对斜向波浪还有一定的掩蔽作用。

"丁"字形布置有与沿岸水流成正交、上挑或下挑三种方式。迎着水流上挑时,挑流效果较好,但坝头附近冲刷剧烈;顺着水流下挑时,水流较规顺,但挑流效果差;往复水流或波浪方向多变时,丁坝方向宜采用正交。

(1)保滩丁坝坝长确定

为保滩护岸,防止主流或急流逼岸,常采用多道短丁坝组成丁坝群,挑流较和缓,不会剧烈的改变流场,丁坝间距布置适当,丁坝之间的坝田会有一定淤积。丁坝群也常用于河口地区,能使水流归槽,增深航道。

保滩护岸丁坝长度一般为50～150m,促淤长丁坝长度可达1000～2000m。丁坝群坝间距一般取1～3倍坝长,处于治导线凹岸以外位置的丁坝间距可适当加大。非淹没丁坝宜采用下挑布置,夹角可为30°～60°,强潮海岸丁坝宜垂直于强潮方向。丁坝长度与间距的具体尺度选取与滩地的泥沙特性有关,应根据当地的实际经验或水力模型试验来确定。

(2)保滩丁坝结构形式

保滩丁坝从结构形式可分为抛石丁坝、土心丁坝和沉排丁坝。

抛石丁坝坝顶宽度一般在1～3m,坝上下游坡度不宜陡于1:1.5。土心丁坝坝顶宽度一般取5～10m,坝上下游护砌坡度缓于1:1,护砌厚度0.5～1.0m。沉排丁坝坝顶宽度2.0～4.0m,上下游坡度1:1～1:1.5,护底层应加宽,宽度应满足最大冲刷深度要气,必要时需由模型试验确定。

2. 顺坝

将坝体布置成与岸线大致平行,也与水流相顺,故称顺坝。与岸相隔一定距离,又称离岸堤,用以消减波浪并促使泥沙在坝后岸一侧沉积。丁坝是挑流离岸,在坝上下游一定范围形成缓流区,发挥保滩促淤功能,但丁坝对波浪侵蚀效果小,波浪正向袭击顺坝将没有掩蔽作用。顺坝是减浪消能,波浪越过坝体时发生破碎或剧烈变形,坝后水域波动大大减弱,岸滩波浪作用都得到明显降低,越坝波浪水体挟带的泥沙将沉积于坝后滩涂,保滩效果十分显著,但顺坝对水流没有阻挡作用,不能影响水流侵蚀危害。

(1)顺坝建设规模

用于堤、岸防护时顺坝一般采用离岸 60～100m,用于滩地促淤,顺坝离岸可达 1～2km,顺坝长度须根据防护堤岸范围确定。

顺坝结构形式顺坝与丁坝相类似,常用抛石堤断面,也有用板桩、木桩墙或沉箱构筑。

(2)潜顺坝和出水顺坝

顺坝顶高程低于平均潮位,常没于水下的顺坝称为潜顺坝;顺坝顶高程高于设计洪水位,高潮时坝顶不被淹没的顺坝称为出水顺坝。

(3)与丁坝区别

丁坝主要作用是挑流离岸,使冲刷岸滩的水流远离,在坝上下游形成一定缓流区,从而发挥保滩作用;顺坝主要作用为消浪促淤,对水流无阻挡作用,不能降低水流的侵蚀危害(顺水流而建)。因此,在保滩时经常将二者结合使用。

3. 护坦与护坎

保滩工程中有时需采用一些应急的局部工程设施,直接防止滩涂继续剥蚀和演变恶化。

在侵蚀性海岸堤前滩地有阶梯状地势起伏时,为防止高阶滩地崩塌后退,在高低陡坎处采取局部工程措施予以保护,成为护坎。

海堤护岸前的局部保滩措施称为护坦或者坦水。

4. 人工沙滩与植物防护

不少侵蚀海岸的沙滩是由于沙源改变或截断而形成的,采用人工填沙的措施,恢复原有沙滩或形成稳定的新沙滩,称为人工沙滩方法。

在沿海岸滩上较大范围种植红树林、芦苇、大米草等植物,可以显著地消波缓流促淤,积极地保滩护岸,称为植物防护。

人工沙滩或植物防护对相应岸段既可以发挥保滩作用,又不会对周邻环境产生不良影响,不但与环境相适应,且常常是改善环境质量。创造新海洋资源的一类保滩措施,也是综合治理与开发密切结合的措施,日益得到海洋国家的重视与欢迎。

第三章 围海工程

第一节 围 海

世界与海争地有悠久的历史,以前人们对沿海滩涂、海湾与潟湖内的滩地及水域进行圈围开发利用,取得了很多成功的经验。现阶段,围海工程已从传统的、单一的海涂围垦发展农业或盐业扩展到现代的、综合的围海工程,主要用于蓄淡、供水、潮汐发电、发展工业与交通、大范围环境治理等,且圈围范围也已从较高的潮上带扩展到高程较低的潮间带、潮下带,包括局部或整个海湾、潟湖的围堵,因此,现代围海工程的规模更大、技术难题更多。

一、概 念

围海工程是在沿海圈围部分滩涂、围割部分海域,挡潮防浪、控制水位,有利于综合开发利用的基本建设项目,它主要工程设施包括围堤、堵坝、水闸等。

围海工程也是人工改造局部海洋环境,形成封闭陆域、水域的围区,用于发展多种经营、盐田晒盐与开发盐卤化工工业、库区蓄淡或兴建潮汐电站、陆地建设城镇或工业、建设港口陆域等。按开发利用的需要,还须修建相应的专用建筑物,如水闸、船闸、潮汐电站、抽水站、鱼道等。

二、类 型

按工程所处位置及海岸不同地貌形态条件,围海工程可分成顺岸型、海湾型(或潟湖)、河口型三种类型,如图3-1所示。

图3-1 不同围海类型

1. 顺岸型

顺岸型指在较平顺海岸(包括潮汐河口沿岸)的潮间带或以上范围内滩涂的圈围。

特点:一般所围面积滩面高程差较小,围堤较矮,滩涂出水时间多且土质稍硬,筑堤和基础问题较易处理。

我国围海工程中以顺岸围海类型居多。通常情况下,在大、中型河口不断地向海延伸,口门外水下沙滩持续地淤涨,条件适宜时就可沿主流高滩或在两汊道之间进行顺岸式圈围。

顺岸围堤筑堤时可就地取沙填筑,同时围堤背海一侧可采取缓坡,草皮护坡,投资低廉,生态效应明显。

2. 海湾型

海湾型指在海湾、潟湖口门处或湾内、湖内适当部位处筑坝坝堵海,如图 3-2 所示。

图 3-2　海湾型围海工程

特点:由于堵海大坝常须跨越较深的潮汐通道或港汊,此处吞吐潮量大,有时还遇到地基较软弱,大坝的堵口、闭气等填筑技术相当复杂。

我国东南沿海封堵海湾工程发生过多起失败教训,损失很大,但也有不少成功的经验,如厦门杏林海湾封堵工程等。荷兰须德海工程在 20 世纪 30 年代完成,为那一世纪规模最宏伟的围海工程。

3. 河口型

河口型指在中、小型河口或大、中型河口的汊道上筑坝封堵、挡潮围海,如图 3-3 所示。

图 3-3　河口型围海工程

特点:潮汐河口受径流和潮流共同作用,河床演变复杂,封堵河口或河口汊道常引起河口剧烈变化,而河口涉及水利、航运、水产等多方面的利益,必须十分慎重。在潮差大的大、中河口筑坝,施工难度较大,常需采用专门技术。

荷兰三角洲工程(Delta Plan)和法国的朗斯属于河口围海,提供世界水平的河口围海先进经验。

第二节　堵口截流

一、围　　堤

围堤是围海工程的主要设施,可以分成两种情况:跨港汊段和围涂段。

围涂段与海岸防护工程中的一般海堤或海塘类似,仅是海涂多淤泥质,基础较软,涂面高程较低。

跨港汊段为堵坝,与海堤有很大的差别,由于港汊水深较大,承受的风浪、暴潮、急流的作用均大于相邻的海堤。更为突出的是,港汊原是潮流大进大出的主要通道,在其上施工必然会带来堵口截流问题和闭气问题。除此之外,堵坝断面大、坝体高,常遇到填筑技术和坝基处理等问题也尤为突出。由于潮流是双向不稳定流,围海工程中的堵口截流问题同河流上的堵坝也有显著的差别,因此跨港汊段围海施工中尤其要注意类似问题的综合考虑。

二、龙　口　技　术

封堵港汊的难易主要决定于潮汐的强弱,也和封堵海域的规模大小有关。强潮地区大潮情况下大海湾湾口潮汐吞吐量大,涨急、落急时刻潮流流速大,封堵难度将很大,由于潮汐大小有周期性交变化,施工时通常应选择小潮情况下进行封堵,封堵的规模也要根据需求进技术经济分析后确定。

1. 龙口

围堤施工一般先从围涂段修筑海堤开始,逐渐向跨港汊段推进。跨港汊段堵坝施工复杂,有一个分阶段缩窄过程,缩窄到某一特征宽度时的口门,需采用专门的封堵措施,此时的口门称为龙口。

2. 大龙口

跨港汊段缩窄使潮流量增大,流速上升到 2m/s 时,两侧土堤已难准以推进,将开始采用堆石截流坝,相应口门称作大龙口。

3. 小龙口

大龙口过多数情况下,采用土、石料结合继续缩窄口门,以小潮推进、大潮巩固的填筑方法进行,最后压缩为利用一个小潮低潮时段就能封堵合龙截流的口门,次口门称作小龙口。

此小龙口尺度又必须能满足完全地吞吐大潮流量。具体龙口位置应根据围堤堤线上的地形、地质、水深以及施工条件等综合因素选定。

4. 龙口封堵过程决定因素

封堵或堵口过程中,龙口从大到小的缩窄将形成各种尺度的水力条件,也包括对施工、堵口不利或恶劣的水力条件。只有掌握好这些水力条件变化的规律与特点,才能采取适合的施工步骤和合理的堵坝方案。

因此封堵港汊难易主要取决于以下两点:

(1)封堵区潮汐的强弱;

(2)封堵海域的规模大小。

三、堵口顺序

堵口施工一般从大龙口开始,分步骤压缩,包括缩窄和抬高,到小龙口时最后合龙截流,如图 3-4 所示。根据龙口水力条件、地基稳定要求、封堵材料性能和施工条件等,可以合理地安排堵口程序,划分具体步骤,明确每步的缩窄龙口尺度、完成时间、工程量以及有关技术措施等,以此保证封堵顺利完成。其中,小龙口转化口门线是堵口程序制订的重要依据。

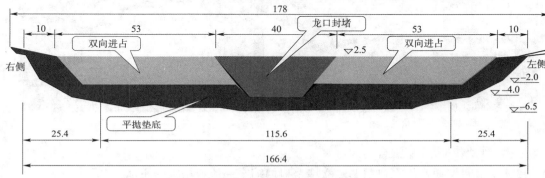

图 3-4 堵口合龙示意图(尺寸单位:m)

实际施工中堵口顺序一般按下列执行:

(1)软土地基龙口宜采用平堵为主、平立堵相结合的堵口方式;

(2)对于多个龙口的工程,应先堵地基条件差的龙口,留下 1~3 个地基条件较好的龙口同时堵截。

(一)封堵方法

1. 平堵

从龙口底部或底槛向上分层逐步堆高称为平堵,如图 3-5 所示。

平堵特点:平堵水力条件较好,水流分散,流速增长慢,对基床冲刷缓和,有利于堤身稳定与固结、密实,但施工时间短、效率低,要注意堆抛均匀,防止形成缺口。

施工采用架桥或者船舶等机械设备进行施工。

施工时注意堆体要抛匀,防止形成缺口。

图 3-5 船舶平堵施工图

2. 立堵

从龙口两侧或一侧围堤头开始推进缩窄宽度称为立堵,如图 3-6 所示。

特点:立堵水力条件容易恶化,水流集中,流速增长快,对基床冲刷力强。虽然立堵陆上施工方便、效率高、时间长、成本低,但施工过程中经常出现对坝身稳定不利的因素。

该方法施工时多采用陆上施工机具。

尤其要注意的是实际施工中由于立堵水力条件急剧恶化,对坝身稳定产生较大影响,因此施工过程中极少单独使用。

3. 混合堵

发挥平堵龙口水力条件好、地基稳定好和立堵陆上施工条件好、方便快捷的优点,将两者密切联系,共同使用称为混合堵,如图3-7所示。

图3-6 立堵施工图　　　　　　　　图3-7 混合堵施工图

工程上封堵时多采用混合堵。

在软基上封堵通常先在口门两端立堵→口门缩窄→流速增大→平堵。

(二)堵坝断面

在跨港汊段围堤采用堵坝结构,须满足三个方面的需求:堵口截流、防渗闭气、护面抗冲。

护面抗冲功能与海堤相似,但防护标准更高,保护范围更宽。而堵口截流和防渗闭气的需求是堵坝的特殊承担功能,须采用特殊的结构与措施。

截流堤断面可采用复式断面,下部断面宜采用平堵法施工,结合压载和护底措施统筹考虑。上部断面应满足堵口期挡潮和施工交通等多方面要求,其顶高程应超过施工期设计潮位0.5～1.0m,可用平堵、立堵结合或立堵法施工。

截流材料可用块石,当流速较大,块石稳定性满足不了要求时,可采用铁丝网或钢筋石笼、人工块体等材料,形成稳定的截流堤断面。

在龙口进行截流封堵截流堤常采用梯形断面的抛堆块石结构,块石尺度应与龙口最大流速相适应,一般可按如下公式计算:

$$d_s = 0.694 \frac{1}{K_\gamma} \frac{v^2}{2g} \tag{3-1}$$

式中:d_s——块石的当量直径,m;

　　　K_γ——重度系数;

　　　v——堵口过程中的龙口流速,m/s;

　　　g——重力加速度。

浙降福建一带围海堵口时常用重200kg以下的块石,施工方便,对软基较为适用。截流堤上个体块石应满足水力稳定性要求其稳定临界流速V_c,应按下式计算:

$$V_c = K_e \sqrt{2g \frac{\gamma_s - \gamma_0}{\gamma_0}} \sqrt{D\cos\alpha} \tag{3-2}$$

式中：K_e——稳定系数，垫层块石直径小于抛投其上块石直径时取 $0.7 \sim 1.0$，垫层块石直径大于或等于抛投块石直径时取 $1.0 \sim 1.2$，钢筋笼等条形体取 1.0；

g——重力加速度，$g = 9.8 \text{m/s}^2$；

γ_s——抛投体重度，kN/m^3，对花岗岩块石，取 $\gamma_s = 26.0 \text{kN/m}^3$；

γ——海水重度，kN/m^3，取 $70 \sim 10.3 \text{kN/m}^3$；

D——块石当量直径，m；

α——抛投体垫层倾角，$(°)$。

四、堵口与闭气

（一）堵口

围堤龙口位置应综合考虑地形、地质、堵口材料运输和水闸位置等因素进行确定，宜选择在地质条件较好、水较较深的地段，如图 3-8 所示。

龙口离水闸应有一定的距离，以避免造成相互间水流的不利影响。

围堤堵口施工时，应选择在潮位低、潮差小、风浪小的时段进行。

具体时间选择应满足以下要求：

（1）非龙口堤段达到安全度汛的挡潮标准；

（2）龙口段水下部分截流堤断面、反压层、护底达到设计要求；

（3）水闸及其上、下游引水程已完工，堵口材料准备就绪。

图 3-8　堵口合龙施工图

龙口水力计算按照《海堤工程设计规范》（SL 435—2008）可采用水量平衡法。

龙口水力计算可采用围区进（出）水量平衡原理计算式（3-3）进行计算。

$$\left| \overline{Q_0} \pm (\overline{Q_s} + \overline{Q_f} + \overline{Q_p}) \right| \Delta t = W_2 - W_1 \tag{3-3}$$

式中：$\overline{Q_0}$——计算时段内内陆流域来水平均流量，m^3/s；

$\overline{Q_s}$——计算时段内水闸泄水平均流量，m^3/s；

$\overline{Q_f}$——计算时段内龙口溢流平均流量，m^3/s；

$\overline{Q_p}$——计算时段内截流堤堆石体渗流平均流量，m^3/s；

Δt——计算时段，宜取 $\Delta t = 1800 \sim 3600\text{s}$；

W_2——计算时段末围区容量，m^3；

W_1——计算时段初围区容量，m^3。

对低级别围堤工程，可采用转化口门线的方法简化水力计算，计算方法按《海堤工程设计规范》（SL 435—2008）附录 Q 进行。

李开运采用此方法在福建海湾型围海工程中取得成功并积累了丰富经验，提出了转化口门线公式。

$$z = x\log B - y + \Delta \tag{3-4}$$

$$x = \phi_1(\Delta H, W) \tag{3-5}$$

$$y = \phi_2(\Delta H, W) \tag{3-6}$$

式中：z——口门底槛高程，m；

B——口门宽度，m；

Δ——设计潮型的潮位；

ΔH——设计潮型潮差，m；

W——全潮库容，单位为 $10^7 m^3$，ϕ_1、ϕ_2 为特定的二元三次函数，x,y 系数，由规范查取，则转化口门线上任意 P 点处的(m/s)在落潮时可按下式进行估算：

$$V_{\max} = 2.35\sqrt{h_0 - z} \tag{3-7}$$

式中：h_0——设计潮型对应的最高潮位，m；

z——转化口门线上点子的口门底槛高程，m；

$V_{\max}$——转化口门线上任一点处的最大流速，m/s。

(二)闭气

堵口合龙后，为处理坝体漏水而采取的工程措施，称为闭气。

堵口闭气设计应遵守下列规定：

（1）闭气材料应采用具有一定防渗性和抗流失性能的土料。

（2）内闭气土体断面可分两类：一是直接在截流堤内侧抛填土料，以自然坡形成闭气土体；二是在截流堤内侧一定距离抛筑一道副堤，在其与截流堤之间抛填闭气土体，如图3-9所示。

（3）闭气土体设计应满足渗透稳定和抗滑稳定要求。

（4）闭气过程中，宜充分利用水闸等条件控制围区水位，以减小内渗压力。

图3-9 堵口闭气施工图

堵口截流、防渗闭气施工完成后，就可以根据防护标准要求，进行临海一侧外坡的防浪护面、坝顶的墙和堤脚护坦施工，进行堤顶和内坡的护面施工，全面完成堵坝的设计断面，满足护面抗冲的需求。

第三节 控制水闸

一、水 闸

水闸是传统的水利工程设施，可用于引水或排水，也可用于挡水、控制水位等。

在围海工程及其开发利用中，水闸也是一重要建筑物，可以挡潮御卤、排涝泄洪、排咸蓄淡，也可以纳潮养殖与晒盐等。除此之外，水闸还具有控制围区水位的功能，特别是在堵口截流施工过程具有重要的分流功能。

挡潮闸、纳潮闸等反映出围海工程中水闸设施功能的多样性特点，正是适应多目标开发的需求。

控制闸、分流闸在围海工程中有显著的创新，为堵口截流施工发挥重要作用，还运用分流闸为封堵海峡创造了成功经验，发展了先进技术。

二、围海闸特点

浅海海洋动力环境给围海工程中水闸带来了复杂严峻的工作条件。因此，围海水闸带有突出的海洋特色，如图3-10所示。

（1）潮汐影响要求水闸适应双向水流和非恒定流的特点；

（2）闸身受台风、暴潮、风浪、冰凌袭击的剧烈作用；

（3）闸下会发生严重泥沙淤积。

图3-10　围海水闸效果图

三、挡潮闸施工

（一）临时设施施工

1. 施工导流方式及导流程序

（1）导流方式：施工导流可分为一次拦断河床围堰导流方式和分期围堰导流方式。按泄水建筑物形式可分为明渠导流、隧洞导流、涵管导流，以及施工过程中的坝体底孔导流、缺口导流和不同泄水建筑物的组合导流（图3-11）。

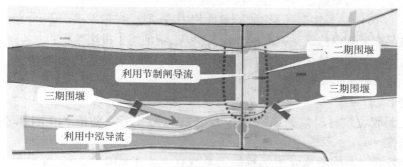

图3-11　导流方式图

（2）施工导流方式选择应遵循下列原则：

①适应河流水文特性和地形、地质条件；

②工程施工期短，投资省，发挥工程效益快；

③工程施工安全、灵活、方便；

④可合理有效利用永久建筑物，减少导流工程量和投资；

⑤适应通航、供水、排冰等要求；

⑥河道截流、围堰挡水、坝体度汛、封堵导流孔洞、蓄水和供水等各阶段能够合理衔接。

2. 围堰

(1)不同形式围堰适用条件(图3-12):

①土石围堰,能充分利用当地材料,对地基适应性强,施工工艺简单,通常优先采用。

②混凝土围堰,适用于堰址地质条件良好地区。

③堆石混凝土围堰,在天然料和开挖渣料丰富时适用。

④装配式钢板桩格型围堰,适用于在岩石地基或混凝土基座上建造,其最大挡水水头不宜大于30m;打入式钢板桩围堰适用于软土及细沙砾石层地基,其最大挡水水头不宜大于20m。

⑤砌石围堰、钢筋石笼围堰,适用于水头不高时采用。

图3-12 不同形式围堰

(2)施工围堰形式选择应符合下列要求:

①安全可靠,需满足稳定、防渗、防冲要求。

②结构简单,施工方便,便于拆除,并优先利用当地材料及开挖渣料。

③坝体防渗便于与基础、岸坡或已有建筑物连接。

④堰基易于处理,并与堰基地形、地质条件相适应。

⑤能在预定施工期内修筑到需要的断面及高程,满足施工进度要求。

⑥围堰堰体与永久建筑物相结合时,其形式应与永久建筑物形式相适应。

⑦具有良好的技术经济指标。

(3)土石围堰填料要求:

①均质土围堰填筑材料渗透系数不宜大于1×10^{-4}cm/s;防渗体土料渗透系数不宜大于1×10^{-5}cm/s。

②心墙或斜墙土石围堰堰壳填筑料渗透系数宜大于1×10^{-3}cm/s,可采用天然砂卵石或石渣。

③堰体单石体水下部分不宜采用软化系数值大于0.7的石料。

④反滤料和过渡层料宜选用满足级配要求的天然砂砾石料。

(4)土石围堰堰体防渗材料要求:

①在挡水水头不超过35m时宜优先选用土工膜防渗。

②当地土料储量丰富,满足防渗要求,且开采条件较好时,可优先用做堰体防渗体材料。

③采用铺盖防渗时,堰基覆盖层渗透系数与铺盖土料渗透系数的比值宜大于50,铺盖土料渗透系数宜小于1×10^{-4}cm/s,销盖厚度不宜小于2m。

（5）土石围堰堰体结构要求：

①堰体压实指标需满足要求。

②围堰堰体采用土料防渗时，堰体防渗土料与堰壳之间需设置反滤层，必要时要设过渡层。

（6）不过水围堰堰顶高程和堰顶安全加高值应符合下列规定：

①堰顶高程不低于设计洪水的静水位与波浪高度及堰顶安全加高值之和，其堰顶安全加高应符合表3-1规定。

堰顶加高要求表 表3-1

围堰形式	围堰级别	
	3级	4~5级
土石围堰	0.7	0.5
混凝土围堰、浆砌石围堰	0.4	0.3

②土石围堰防渗体顶部在设计洪水静水位以上的加高值：斜墙式防渗体应为 0.6~0.8m；心墙式防渗体应为 0.3~0.6m。

③考虑涌浪或折冲水流影响，当下游有支流顶托时，应组合各种流量顶托情况，校核围堰堰顶高程。

④可能形成冰塞、冰坝的河流应考虑其造成的壅水高度。

（7）围堰拆除应符合下列规定：

①围堰拆除前应编制拆除方案，根据上下游水位、土质等情况明确堰内充水、闸门开度等方法、程序。

②围堰拆除前应对围堰保护区进行清理并完成淹没水位以下工程验收。

③围堰拆除应满足设计要求，土石围堰水下部分宜采用疏浚设备进行拆除。

（二）主体施工

1. 土方开挖及填筑工程

（1）降水

施工时根据工程地质、水文条件及周围环境，水闸施工降水可采用集水坑降水和井点降水。

集水坑降水满足以下规定：

①抽水设备能力应不小于基坑渗透流量和施工期最大日降雨径流量总和的1.5倍；

②集水坑底高程应低于排水沟底高程；

③集水坑和排水沟应布置在建筑物底部轮廓线以外一定距离；

④挖深超过5m以上时宜设置多级平台和排水设施；

⑤流沙、管涌部位应采取反滤导渗措施。

井点降水过程及注意事项如下：

①安装顺序宜为敷设集水总管，沉放井管，灌填滤料，接管路，安装抽水机组。

②各部件应安装严密，不漏气，集水总管与井点管宜用软管连接。

③冲孔孔径不应小于0.3m，孔底应比管底深0.5m以上，管距宜为 0.8~1.6m。

④每根井点管沉放后,应检查渗水性能。井点管与孔壁之间填砂滤料时,管口应有泥浆水冒出,或向管内灌水时,应很快下渗,方为合格。

⑤整个系统安装完毕后,应及时试抽,如发现漏水、漏气现象,应及时进行加固或采用黏土进行封堵处理。

⑥抽水时应监测出水状况,如发现水浑浊时应检测出砂率,出砂率大于0.3‰~0.5‰时,应停止抽水、分析原因并及时处理。

⑦降水期间,应按时观测,记录水位和流量,观测周期为初始1~2h观测一次,待出水稳定后,应在交接班时观测一次,对轻型井点还应观测真空度。

⑧井点拔除后,应按要求填塞。

2. 基坑开挖

基坑边坡应根据工程地质、施工条件和降低地下水位措施等情况,经稳定验算后确定。

土方明挖前,应降低地下水位,使其低于开挖面不少于0.5m。

基坑开挖宜分层分段依次进行,逐层设置排水沟,层层下挖。

根据土质、气候和施工机具等情况,基坑底部应留有一定厚度的保护层,在底部工程施工前,分块依次挖除,如图3-13所示。

图3-13 基坑开挖施工图

在温度低于0℃挖除保护层,应采取可靠的防冻措施。

采用水力冲挖时,掌子面高度不宜大于5m,当掌子面过高时,可利用爆破或机械开挖法,先使土体塌落,再布置水枪冲土;水枪布置的安全距离不宜小于3m,同层之间距离保持20~30m,上、下层之间枪距保持10~15m。应预留足够的保护层厚度。

3. 土方填筑

墙后及伸缩缝应经清理合格后方可回填。混凝土面在填土前,应清除其表面的乳皮、粉尘

图3-14 土方填筑施工图

等并用风枪吹扫干净,岩面直接填土前,应清扫岩面上的泥土,对松动的岩石等进行处理,岸、翼墙后填土应尽量均衡上升,左右侧填土面高差不宜过大,如图3-14所示。

在混凝土或岩面上填土时,应洒水湿润,并采取边涂刷浓泥浆、边铺土、边夯实的措施,不应在泥浆干涸后再铺土和压实,泥浆的质量比(土:水)可为1:2.5~1:3.0,涂层厚度可为3~5mm,在裂

隙岩面上填土时,涂层厚度可为 5 ~ 10mm。

靠近岸坡(边墩)、翼墙、岸坡的回填土宜用人工或小型机具夯压密实。

分段处应留有坡度,错缝搭接。

冬季施工时土料的温度应在 0℃以上。

4. 地基处理

在水闸施工中通常采取的地基处理方式有:换填(砂、土)、振冲、强夯、混凝土预制桩、水泥混凝土搅拌桩、水泥粉煤灰碎石桩、钻孔灌注桩、沉井。

钻孔灌注桩处理地基如图 3-15 所示。

图 3-15　钻孔灌注桩处理地基

(1)配制水下灌注的混凝土应符合下列规定:

①配合比应通过试验确定,混凝土应具有良好的和易性;

②粗骨料最大粒径应不大于导管内径的 1/6 和钢筋最小间距的 1/3,并不大于 40mm;

③砂率宜为 40% ~ 50%,宜选用中粗砂,宜掺用减水外加剂,水灰比不宜大于 0.64,坍落度宜为 180 ~ 220mm,扩散度宜为 340 ~ 380mm。

(2)灌注水下混凝土应符合下列规定:

①初灌混凝土时,导管下部底口至孔底距离宜为 0.3 ~ 0.5m。

②初灌混凝土时,储料斗的混凝土储料量应使导管初次埋入混凝土内深度不小于 1m;初灌的储备量应由计算确定。

③灌注应连续进行,导管埋入深度应控制在 2.0 ~ 5.0m;混凝土进入钢筋架下端时,导管宜深埋,并放慢灌注速度。应及时测量导管埋深及管内外混凝土面的高差,并填写灌注记录。

④灌注的桩顶高程应比设计高程高 0.5 ~ 0.8m,桩头宜人工凿除。

⑤灌注时应随时测定混凝土坍落度。

⑥桩径大于 1m 或桩体混凝土量大于 25m³ 的单桩,灌注时应一组混凝土试块。

5. 构筑物施工

在水闸构筑物施工中主要涉及钢筋工程、模板工程和混凝土工程。

(1)绑扎钢筋应符合下列规定:

①受拉区域内光圆钢筋绑扎接头的末端应做弯钩,如图 3-16 所示。

②梁、柱钢筋绑扎接头的搭接长度范围内应加密箍筋,接头为受拉钢筋时,箍筋间距不应大于 5d(d 为两搭接钢筋中较小的直径),且不大于 100mm;绑扎接头为受压钢筋时,箍筋间距

图 3-16　绑扎钢筋图

不应大于 10d，且不大于 200mm，箍筋直径不应小于较大搭接钢筋直径的 0.25 倍。

③搭接长度应符合国家现行有关标准的规定。

（2）混凝土中粗集料规定如下：

①混凝土中粗集料粒径不宜大于 80mm；

②不应大于结构截面最小尺寸的 1/4，混凝土板厚的 1/3；

③不应大于钢筋净间距的 2/3，对双层或多层钢筋结构不应大于钢筋最小净距的 1/2；

④经常受海水、盐雾作用或其他侵蚀介质影响的钢筋构件面层，粗集料最大粒径不宜大于钢筋保护层厚度；

⑤施工中宜将粗集料按粒径分仓堆放，不得混料，混凝土拌和时应按配合比例计量掺配。

（3）混凝土坍落度要求：

水闸施工在浇筑点混凝土坍落度满足表 3-2。

水闸混凝土坍落度要求表（单位：mm）　　　　　　　　　　表 3-2

部位和结构情况	坍 落 度
基础、混凝土或少筋混凝土	20～40
闸底板、墩、墙等一般配筋	40～60
桥梁，配筋较密，捣实较难	60～80
胸墙、岸墙、翼墙等薄壁墙，断面狭窄，配筋较密，捣实困难	80～100

混凝土坍落度允许偏差满足表 3-3。

混凝土坍落度允许偏差表（单位：mm）　　　　　　　　　　表 3-3

坍 落 度	允许偏差	坍 落 度	允许偏差
≤40	10	≥100	30
50～90	20		

注意：混凝土浇筑应连续进行，如因故中断，且超过允许的间歇时间，若振捣后能重塑者，仍可能续说上层混凝土浇筑，否则应按施工缝处理。

（4）大体积混凝土浇筑要求如下：

①增加集料堆高高度。高温季节施工时可采取堆高集料（堆高不宜低于 6m 并应有足够的储备空间）、搭设凉棚、风冷、水冷、运输隔热、保温、合理安排混凝土浇筑时间等措施，降低混凝土浇筑温度。

②降低混凝土水化热，在满足混凝土各项设计指标的前提下，应采用水化热低的水泥，优化配合比设计，采取加大集料粒径，改善集料级配，掺用混合材、外加剂和降低混凝土坍落度等综合措施，合理减少混凝土的单位水泥用量。

③降低混凝土内部温度。采用冷却水管降温时，通水时间由计算确定，宜为 10～20d。混凝土温度与水温之差，不宜超过 25℃，水流方向 24h 调换一次，日降温不宜超过 2℃。

④混凝土施工需制备专门的措施方案:雨天施工、高温施工和冬季施工等,如图 3-17
所示。

图 3-17　混凝土浇筑施工图

第四章 海港工程

海港工程是为沿海兴建水陆交通枢纽和河口兴建海河联运枢纽所建造的各种工程设施。其中包括防波堤、码头、修造船建筑物、陆上装卸存储运输设施及港池、锚地进出港航道和水上导航设施等。海港工程就是由上述主要设施形成的拥有良好掩蔽条件、供船舶停靠装卸及船舶上下水条件的港区。

就国际贸易而言,目前港口仍然是最大、最重要运输方式的连接点,在港口可以找到货主、货运代理、托运人、船东、船务代理、货物分运商、包装公司、陆地运输经营人、海关、商检、银行、保险、法律等有关公司和部门。这里是重要的信息中心和国际运输的完整舞台。因此,现代港口正以水陆联运枢纽功能为主体,向兼有产业、商务、贸易的国际贸易综合运输中心和国际贸易的后勤基地发展。

就功能而言,港口通常是海运的起、终点。海洋运输无论是集装箱还是散货运输,都是货运量最大的运输方式。但该方式的主要连接点港口具有建设投资大、周期长、关联问题多等特点。

海港由港口水域、水工建筑物和陆域设施三部分组成。其中,港口水域供船舶航行、停泊、锚泊、装卸等,要求水域宽广,流态平稳,并具有足够的水深,包括锚地、航道、港池、回旋水域、过驳水转水等设施。水工建筑物供船舶停靠、旅客上下船和货物装卸的场所,要求有足够的长度和高度。陆域主要满足供旅客候船、货物存储、货物集疏运等,建设要求陆域宽广、平坦,满足港口的纵深需求。现代化港口陆域通常包括仓库、堆场、铁路、道路、装卸机械、运输机械以及生产辅助设施、环保设施、计量、检验设施、信息中心(EDI 服务中心)等,有些现代化大港口还管理有当地的"世界贸易中心"。

现代港口的功能包括:

①装卸和仓储功能:基本功能。

②运输组织管理功能:通过有效的运输组织,把各种运输方式有机结合起来,从而使物流供应全过程快速、经济与合理。

③贸易功能:对外交流与贸易的窗口。

④信息功能:各种信息的汇集中心。

⑤服务功能:口岸服务和生活与生产服务。

⑥生产加工功能:货物加工,出口加工区、保税港区、自由港区等。

⑦辐射功能:辐射海外和内陆。

⑧现代物流功能:物流中心。

第一节 海港总体布置

一、港 址 选 择

港址选择要求如下:

(1)满足总体布局要求。必须统筹兼顾,满足国民经济及沿海经济发展需求,同时有利于起步,便于发展,注重调查分析,另外还需要合理利用岸线资源,留有发展空间。

(2)满足航运与停泊要求。选择水域宽广,能布置下所有水工建筑物和必要的水域,并且还要留有发展的余地。同时,水深条件要好,少挖泥、冲淤轻、维护费低。选址时,还需要选择风浪小的地方建港,减少防波堤投资。河港选址时,需重点考虑流态条件要好,便于航行。最后选择水域地质条件好的地区,降低建筑物投资。

(3)满足岸线、陆域要求。岸线要足够长,能布置下所有作业区码头,纵深足够深,陆域宽广,能合理地布置所有设施,并有发展余地。

(4)满足集疏运要求。选择与腹地联系方便,公路、铁路、水路畅通的地区,并且与城市干扰少,不影响城市的安全和卫生。

二、影 响 因 素

港址选择是港口发展的基础,其影响港口各发展阶段速度、投资、船舶安全及运营效益,其主要影响因素如下。

(一)自然影响因素

港口腹地的政策条件、自然条件、装卸条件、集疏运配套、工业基础等均会对港址的选择有所影响。此外,集疏运条件也会对港址的选择有所影响,港口集疏运方式与当地环境、货种、批量、输运距离及社会经济发展水平有关。早期以内河为主的集疏运方式,随着铁路发展形成以铁路为主的集疏运方式,随后公路迅速发展形成以公路为主的集疏运方式,目前主要是大型综合物流运输体系。

环境条件是港址选择的主要因素。中小港口不宜占用优良岸线,远景不大的港口可利用天然的海湾、河口进行建设,减少基础设施投资。要求泊位数较少,尤其是专业化码头可考虑建开敞式码头,减少港口水域和航道疏浚投资。

城市发展也是港址选择的影响因素之一。港口与城市相互依存,许多城市针对实际发展情况可建立专业码头,如煤、铁矿、钢、粮食等。

水电、消防、通信、给排水等也是港址选择的影响因素。港址与自然条件(主要考虑风、雨、雾、冰凌、浪、流、地形地质、泥沙等)也对港址的选择有较大的影响。

(二)社会影响因素

包括港址选择前期工作(调查、方案、分析论证)、港口建设资金筹措、投资效益、社会政策、条件等。港址选择时,需罗列充分的依据,主要考虑投资回报及对当地经济的拉动效应。

(三)工程建设考虑因素

包括吞吐量及主要运输船型尺度,船舶进出港航道以及港口水域、陆域的运行条件。水路、铁路、公路等集疏运条件,筑港材料来源,潮汐、波浪、水流、泥沙、地形地质等环境因素特征及其变化规律等皆是工程建设的重点考虑因素。

三、工程港址选择要求

工程港址的选择必须满足以下要求:

(1)符合国家对水运工程总体布局的要求,符合国家和地区经济发展的需要;

(2)选择时既要适应现在需求又要着眼未来发展;

(3)新工程与老工程发展相协调;

(4)拟选区的自然条件、施工条件及人文社会条件良好;

(5)拟选区的水运现状、发展规划、集疏运方式和能力、引接条件满足项目及发展需求;

(6)选址应选在天然水深适当的地区,不宜在地形、地质变化大及水文条件复杂的地区选址;

(7)宜选择工程地质条件好的地区,避开断裂带、软弱夹层和炸礁等工程量大的地区;

(8)选在抗震有利的地段,未经论证不得在危险地段选址;

(9)宜选择天然有掩护,浪流作用小、泥沙运动弱的地区;

(10)应充分考虑工程与泥沙运动相互影响,避免工程出现严重冲淤。

港区规划原则如下:

(1)充分考虑各个专业区的职能与相互关系,宜将不同的货类分别布置于不同的水域(如港区分集装箱、干散货、件杂货区等);

(2)规划要专业化(船舶的专业化和大型化需要专业化、深水化码头);

(3)分区布置要兼顾大、中、小结合的原则(如港区泊位要满足不同等级的船舶停靠);

(4)布置时要充分考虑工程自身的特点(如散货码头要考虑布置于城市及其他码头的下风向);

(5)对于有污染和特殊安全要求的工程应与其他城市或建筑群保持足够安全的距离;

(6)客运区规划要置于离城市较近的位置;

(7)在进行综合分区规划时,如果岸线有限,要把毗邻岸线的陆域留给集装箱等转运快的港区;

(8)分区规划应充分考虑工程将来发展,留有适度的发展空间。

四、港 口 水 域

海港港口水域通常由进出港航道、外锚地、港内航道、内锚地、回旋水域、港池及各部分连接水域组成。

(一)水域范围和尺度

1.进出港航道

(1)轴线选择

①为便于船舶操作,航道轴线需避免与强风强流成较大夹角;

②轴线应力求平直,避免"S"形转折,每次转向角不大于30°,当转折大于30°时,应设5~

10 倍船长的转弯半径。当受地形限制需要多次转折时,两次转向间应该有不小于 6 倍船长的直线段。

③人工浚挖航道轴线与主浪与主流交角越小越好。

（2）尺度确定

①水深。

$$D = T + Z_0 + Z_1 + Z_2 + Z_3 + Z_4 \tag{4-1}$$

式中:D——航道设计水深;

Z_0——船舶航行时船体下沉增加的富裕水深;

Z_1——龙骨下的最小富裕水深,取决于不同底质条件和船舶吨位;

Z_2——波浪富裕深度;

Z_3——装载纵倾富裕水深;

Z_4——备淤水深。

上述各值均按照《海港总体设计规范》(JTS 165—2013)规定取值。

②航道宽度。

航道宽度由航迹带宽度、船舶间富裕宽度和船舶与航道侧边间的富裕宽度组成:

单项航道:

$$W = A + 2c \tag{4-2}$$

双向航道:

$$W = 2A + b + 2c \tag{4-3}$$

式中:A——航迹带宽度;

b——船舶间富裕宽度;

c——船舶与航道侧边间的富裕宽度。

③航迹带宽度。

船在水中航行受到各种因素的影响,不可能直线运行,总有一些偏向,称为"蛇形运动"。船舶为了克服风、流的影响保持航向,常使船舶实际航向与真航向保持一风流压偏角 γ,船舶以风、流压偏角在导航中线左右摆动前进所占用的水域宽度称为航迹带宽度。

$$A = n(L\sin\gamma + B) \tag{4-4}$$

式中:n——船舶漂移倍数;

γ——风、流压偏角(一般在 $3° \sim 14°$);

L——船舶型长;

B——船舶型宽;

A——航迹带宽度,一般取值在 $2B \sim 4.5B$。

2. 锚地

船舶到港后不能直接停靠码头,需在港外锚地停泊,进行商品卫生检疫等检查,锚地可用于避风、候潮、待泊、水上装卸等作业。锚地的规模可根据排队论的理论和数学模拟的方法推算。对新建港口的锚地,其锚位数可根据港口的重要性,按在港船舶保证率 90% ~ 95% 相应推算锚位数。

（1）锚地分类

锚地可以分为引航员执行任务上下船的引航锚地、等候检验检疫的检验锚地、供船候潮或其他原因待泊的停泊锚地、躲避风浪的避风锚地、水上过驳作业场所的过驳锚地。

（2）锚位选择

港外锚地位置应临近航道出入口，但港外锚地边缘距航道边线不应小于 2 ~ 3 倍设计船长。港内锚地采用单锚或单浮筒系泊时不应小于 1 倍设计船长，采用双浮筒系泊时不应小于 2 倍设计船宽。港外锚地水深不应小于设计船型满载吃水的 1.2 倍。当波高（$H_{4\%}$）超过 2m 时，尚应增加波浪富裕深度。港内锚地水深应与码头前沿设计水深相同。锚地底质要具备良好的抓锚力，以亚黏土及亚砂土底质为好，淤泥质次之。应避免在硬黏土、硬砂土、多礁石与抛石地区设置锚地。选择锚地时考虑便于船舶寻找和方便，并满足各类船舶锚泊安全要求。应避免在横流较大的地区设置双浮筒锚地。

（3）规模尺度

①单锚锚泊——设计考虑为一圆域（海港锚地），如图 4-1 所示。

风力≤7 级时：

$$R = L + 3h + 90 \tag{4-5}$$

风力＞7 级时：

$$R = L + 4h + 145 \tag{4-6}$$

式中：R——单锚水域系泊半径，m；

L——设计船长，m；

h——锚地水深，m。

此方法船受力小，可随风、流等转动，起锚方便，常用于外海锚地。但是单锚占水域面积很大，且各锚地间浪费一定的水域。风浪大时，偏荡严重。

②单浮筒系泊——设计考虑为一圆域（海港锚地），如图 4-2 所示。

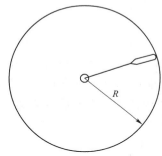

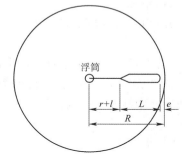

图 4-1　单锚系泊水域尺度　　　　图 4-2　单浮筒系泊水域尺度

$$R = L + r + l + e \tag{4-7}$$

式中：R——单浮筒水域系泊半径，m；

L——设计船长，m；

r——由潮差引起的浮筒水平偏位，m，每米潮差可按 1m 计算；

l——系缆的水平投影长度，m，DWT≤10000t，取 20m，10000t＜DWT≤30000t，取 25m，DWT＞30000t 可适当增大；

e——船尾与水域边界的富裕距离，m，取 0.1L。

此方法船占水域面积比单锚小得多，船体受力小。但是制作、抛放浮筒费用较高。

③双浮筒系泊——设计考虑为矩形水域，如图 4-3 所示。

$$S = L + 2(r + l) \tag{4-8}$$

$$a = 4B \tag{4-9}$$

式中:S——系泊水域长度,m;

  L——设计船长,m;

  r——由潮差引起的浮筒水平偏位,m,每米潮差可按1m计算;

  l——系缆的水平投影长度,m,DWT≤10000t 时,取 20m,10000t < DWT≤30000t 时,取
     25m,DWT > 30000t 时,l 可适当增大;

  a——系泊水域宽度,m;

  B——设计船宽,m。

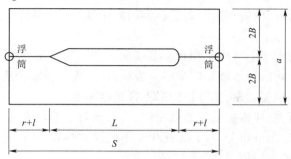

图 4-3　双浮筒系泊水域尺度

海港锚地多采用单点抛锚,河港锚地一般采用单锚或单浮筒,港内锚地多采用双浮筒。

3. 回旋水域

船舶回旋水域应设置在进出港口或方便船舶靠离码头的水域,"一"字形连续布置泊位时,回旋水域宜连片设置,其尺度应考虑当地风、浪、流等条件,船舶自身性能和港作拖船配备等因素,具体可按表4-1确定。

船舶回旋水域尺度   表 4-1

适 用 范 围	回旋圆直径(m)
掩护条件好、水流不大、有港作拖轮协助可借岸标定位	$(1.5 \sim 2.0)L$
掩护条件较差的码头	$2.5L$
允许借码头或转头墩协助转头的水域	$1.5L$
受水流影响较大的港口,应适当加长转头水域沿水流方向长度,宜通过操船试验确定加长尺度;缺乏试验依据时,沿水流方向的长度可取$(2.5 \sim 3.0)L$	

注:1. 回旋水域可占用航行水域,当坏舶进出频繁时,经论证可单独设置;

  2. 没有侧推及无拖轮协助的情况,船舶回旋圆直径可取$(2.0 \sim 3.0)L$,掩护条件较差时,可适当增大;

  3. L 为设计船长(m)。

回旋水域的设计水深可取航道设计水深,回旋水域可以占用航行水域,但船舶进出港频繁时占用航行水域影响港口运营。

回旋水域尺度由船舶最大回旋直径计算,对于液化天然气码头,船舶回旋水域尺度不宜小于2.5倍设计船长。对货物流向单一的专业码头,经论证后,其部分回旋水域可按船舶压载吃水计算。

(二)水域掩护与泊稳

1. 水域掩护外堤布设考虑因素

水域掩护外堤布设时应考虑轴线布置与码头线布置相结合,外堤所围区域要有足够的水

深并且得有足够的面积供船舶航行、掉头、装卸及布置码头岸线。留有发展余地,便于港口扩建。外堤所围区域要充分考虑风及围成港内产生波浪对泊稳的影响,因此水域并不是越大越好(在海岸泥沙悬移进港,水域越大落淤量越大,因此应该减少无用水域)。为节省投资,应充分利用有利地质地形条件,外堤尽量布置暗礁、浅滩沙洲等水深不大的地方,减少投资,尽量避免口门进入的波浪遇堤后反射影响港内泊稳。

2.外堤口门布置原则

外堤门口布置时,口门位置尽可能布置在突出海中最远、水深最大的地方,并与进港航道协调,方便船舶出入。

口门方向应避免与大于七级横风和0.8节横流正交。为保证航行安全口门至泊位间,应设有大于4倍船长的直线航行水域和掉头圆。为求泊稳,应尽量减少从口门进入的波能,口门宽度应不小于设计船长加富余量,船过口门时不宜超越和错船。口门数量设置与航行密度、港口性质及环境等因素有关,应根据船舶通航密度、自然条件和总体布置要求等因素确定,一般设两个口门,使其具有进出港可分口门,干扰少。不同风、浪向时从不同的口门进出,增强港内水域自净能力,可减轻港内淤积等优点。

口门方向应与进港航道相协调,航道中心线与强浪向之间的夹角宜为30°~35°。此外,应使强浪进港的主轴线不直射码头的主要部位或反射性较强的直立式岸壁。与强风、强浪向最好有一夹角 α,该夹角以30°~60°为宜。$\alpha=90°$时,船受横风影响不安全,但对港内水域平衡有利;$\alpha=0°$时,港内水域平衡不利,且船受尾追浪也不安全。

在口门处不允船舶锚船或超船,只能单船进出。口门在垂直航道轴线方向的宽度(有效宽度)一般为 $L\sim1.5L$。口门不宜太宽,宽了对港内泊稳不利,也不宜太窄(任何时候不应小于设计船长),尤其对于不透水防波堤(或透水性差),还要将涨落潮流速控制在3节之内。

第二节　重力式码头

码头按照结构形式可分为重力式码头、高桩码头和板桩码头。其中,地基承载能力较好时,码头可采用重力式结构,包括:沉箱码头、方块码头、扶壁式码头、现浇混凝土码头或浆砌石码头(干地施工法,一般用于小型内河港口)。

一、重力式码头分类及特点

重力式码头可以有两种分类方法,根据墙身结构形式划分可以分为沉箱码头(矩形沉箱、圆形沉箱)、方块码头(阶梯形、衡重式、卸荷板式)、扶壁码头(空腹式、翘尾式、无底扶壁)、大直径圆筒码头(圆形、多边形、椭圆形)、格形钢板桩码头、干地施工的现浇混凝土和浆砌石码头;根据按墙身施工方法可以划分为干地现场浇注码头和水下安装码头。

(一)根据墙身结构形式划分

码头根据墙身结构形式可分为沉箱码头、方块码头和扶壁码头,如图4-4~图4-6所示。

由以上三图可以看出,重力式码头主要由基础、墙身(沉箱、方块、扶壁)、上部结构和墙后回填等几部分组成。

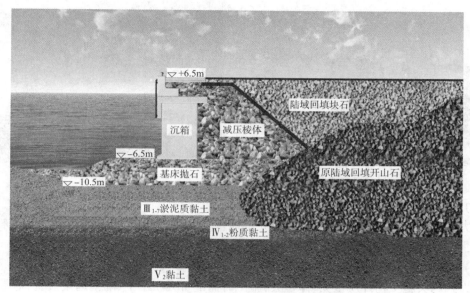

图 4-4　重力式沉箱码头

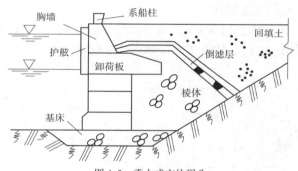

图 4-5　重力式方块码头

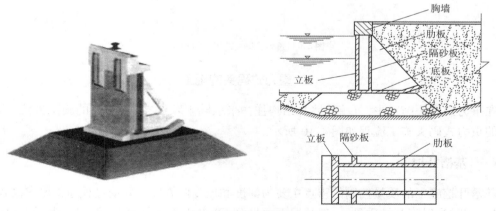

图 4-6　重力式扶壁码头

(二)按墙身施工方法分类

码头按照墙身施工方法可分为干地施工法码头和水下安装施工码头,分别如图 4-7、图 4-8 所示。

图 4-7 干地施工码头

图 4-8 水下施工码头

（1）重力式码头的结构特点

重力式码头依靠自身质量维持稳定,要求地基具有较高的承载力,坚固耐久、抗冻和抗冰性能好,可承受较大的地面荷载。

（2）重力式码头的施工特点

重力式码头施工构件质量大、体积大,施工时需配备大型水上、陆上起重设备,通常需组织水下挖泥作业和潜水作业,施工质量要求高,施工时易受海洋水文和气象的制约。

（3）重力式码头一般的施工顺序

通常情况下重力是码头施工包含基础、墙身、上部结构、墙后回填、附属设施几部分内容,施工时基槽和墙身可同步进行,具体施工顺序如图4-9所示。

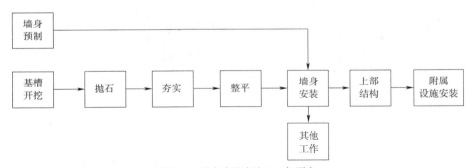

图 4-9 重力式码头施工一般顺序

二、重力式码头的施工

在重力式码头施工中,沉箱等墙身结构往往采取陆上预制,水下安装的施工方法,采取该方法的重力式码头施工流程如图4-10所示。

（一）基槽开挖

基槽开挖施工的质量控制的重点主要为深度和坡度两方面。开挖过程通常要求高程和土质双控,同时为保障开挖质量,一般情况下要做到:开工前要复测水深,核实挖泥量;基槽开挖深度较大时采取分层措施;为保证断面尺寸精度和边坡稳定的要求,对靠近岸边的基槽,需分层开挖,每层厚度根据边坡精度要求、土质和挖泥船类型确定;施工挖泥时要勤对标,勤测水深,以保证基槽平面位置准确,防止欠挖,控制超挖,开挖过程中如挖至设计高程,但土质与设计要求不符时,应继续下挖,直至相应土层出现为止。

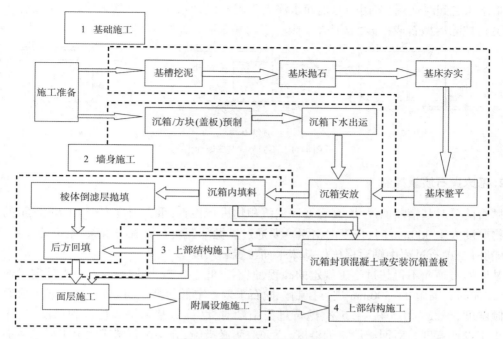

图 4-10　水下施工法施工流程图

水下基槽开挖施工工艺及选择：当土质为岩基时，选择水下爆破→抓斗式挖泥船清渣式开挖方式，开挖厚度小于 1.0m 时选择凿岩船将岩石打碎，抓斗式挖泥船挖掘；当开挖厚度大于或等于 1.0m，在 1～1.5m 选择裸露爆破法；当开挖厚度大于 1.5m 选择钻孔爆破法。土质为砂质及淤泥质土时选择绞吸式挖泥船，土质为黏土、松散岩石时选择链斗式、抓扬式、铲斗式挖泥船。如果在外海开挖时，选择抗风能力强的挖泥船；在已有建筑物附近开挖时，通常选择小型抓扬式挖泥船。

水下基槽开挖质量要求：当基槽为岩质时，浅点处基床厚度不应小于 0.5m，开挖超深控制在 0.5～1.0m，超长、超宽控制在 1.0～2.0m；当基槽为非岩质时，基槽开挖尺寸不小于设计尺寸，且开挖超深控制在 0.3～0.8m，超长、超宽也控制在 1.0～2.0m。

爆破开挖水下岩石基槽时还需控制浅点处整平层的厚度不应小于 0.3m，同时每段基槽开挖后应及时抛石或铺设垫层。

（二）基床抛石

1. 抛石基床结构形式

抛石基床按照与原泥线高程关系可分为明基床、暗基床和混合基床三种形式。

明基床：抛石基床突出在原地基面以上的基床。明基床适用于比较硬的、承载力较高的地基条件下（如风化岩、岩石地基，密实砂、标贯击数高的地基）。该基床多用于原地面水深大于码头设计水深。

暗基床：抛石基床卧于原地基中的基床。暗基床适用于地基条件较差的条件下。该基床多用于原地面水深小于码头设计水深。

混合基床：整个抛石基床部分卧于地基内、部分突出于原地基面以上。地基条件介于明基床与暗基床之间时适用,多用于原地面水深大于码头设计水深,但地基条件较差(如有 2~3m 淤泥层),挖除后抛石或换砂,成混合基床。不同基床形式如图 4-11 所示。

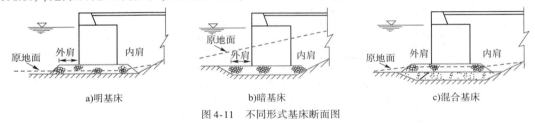

a)明基床 b)暗基床 c)混合基床

图 4-11 不同形式基床断面图

2. 基床抛石质量控制

抛石前要对基槽断面尺寸、高程及回淤沉积物进行检查,重力密度大于 12.6kN/m³ 的回淤沉积物厚度大于 300mm 时,应及时清淤。要通过试抛掌握块石漂流与水深、流速的关系,确定抛石船驻位,抛石过程中勤对标确保基床平面位置和尺度。

基床抛石顶面不得超过施工规定的高程,但不宜低于 0.5m。抛填高差检查确定时通常按粗抛 ±300mm、细抛 0~300mm 进行控制。抛石采取"宁低勿高"的原则,通常基床顶面预留向内倾斜度,一般为 0.5%~1.5%,抛石过程中勤对标,确保基床平面位置和尺度,基床顶宽不得小于设计宽度。对回淤严重的港区,应采取防淤措施,分层抛石基床的上下层接触面不应有回淤沉积物。

(三)基床夯实

基床夯实的目的是使抛石基床紧密,减小建筑物在施工和使用时的沉降。一般采用预沉法、重锤夯实法、爆破夯实法进行基床夯实。当地基为松散砂基或采用换砂处理时,对于夯实的抛石基床底层应设置约 0.3m 厚的二片石垫层,以防止基床块石打夯震动时陷入砂层内。

1. 基床夯实施工方法(重锤夯实法)

重锤夯实法是破坏块石棱角,使块石互相挤紧,同时使与地基接触的一层块石嵌入地基土内来达到夯实的目的。夯锤底面积不宜小于 0.8m²,底面静压强宜采用 40~60kPa,落距可取 2.0~3.5m,不计浮力、阻力等影响时,每夯的冲击能不宜小于 120kJ/m²。对无掩护水域的深水码头,冲击能宜采用 150~200kJ/m²,水下夯击时夯锤宜具有竖向泄水通道。

为防止基床局部隆起或漏夯,施工时通常采用纵横向相邻接压半夯,每点一锤,并分初、复夯各一遍,一遍夯四次,每遍的夯实要采取先中间、后周边的夯实方法。如果采取这种方法满足不了夯击需求,也可采用多遍夯实的方法,如图 4-12 所示。

2. 机床夯实施工要点与质量要求

夯实范围符合设计规定或墙身底边各加宽 1m,或根据夯实分层处的应力扩散线各边加宽 1m。为防止倒锤,夯实前应进行整平,局部高差不大于 300mm,应分层分段夯实,分层厚度不大于 2m,分段搭接长度不小于 2m。每个夯实施工段抽查不少于 5m,抽查时采用原夯锤、原夯击能复打一夯次,复打一夯次平均沉降量应不大于 30mm。对离岸码头采用选点复打一夯次,其平均沉降量不大于 50mm。选点的数量不少于 20 点,并均匀分布在选点的基床上。

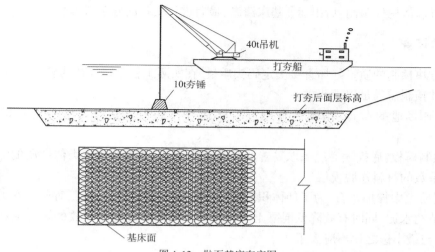

图 4-12　抛石基床夯实图

(四)基床整平

为了使基床能够均匀地承受上部荷载的压力,施工时能够平稳地安装墙身构件,防止墙身结构局部应力过大而产生破坏,基床夯实后通常还需要进行基床整平。

基床整平要求块石间不平整部分用二片石和碎石进行充填,碎石层厚度不应大于50mm。整平高程允许偏差按要求进行控制,极细平±30mm,细平±50mm,粗平±150mm。重力式码头墙身下底边加宽0.5m范围内采用极细平,基床肩部和压肩方块下及底边线外加宽0.5m范围内采用细平,大型构件底面尺寸大于或等于30m²时,其基床可不进行极细平。明基床外坡应进行埋坡,基床整平后,应及时安装墙身预制构件。

施工时粗平采用悬挂刮道法、埋桩拉线法,细平、极细平采用导轨刮道法。

1. 悬挂刮道法

工作船两边伸出两根钢轨上安装滑轮,用重轨做成刮道,悬吊在水中,两端系绳,用来控制刮道高程,潜水员水平推动刮道,按照"去高填洼"原则进行整平,或吊走石块,或吊石块补给,以此进行基床大致平整。

2. 埋桩拉线法

在基床纵向两侧,每隔15~30m埋设木桩,桩顶标高用测深杆调整高程,用铅丝线拉紧同侧木桩,铅丝线之间用直径3mm测缆作为滑动线,潜水员水平推动刮道,按照"去高填洼"原则进行整平。

3. 导轨刮道法

在基床范围内,沿纵向两侧每隔5~11m安设混凝土小方块,方块上安装作为导轨用的铁轨(长度有6m、12m两种)。方块和铁轨之间垫厚度不一的钢板,使轨顶为整平高程,潜水员以刮道底为准进行整平。

(五)墙身预制及安装

重力式码头墙体大都为混凝土及钢筋混凝土方块、沉箱、扶壁和大直径圆筒等结构形式,一般先进行墙体构件预制,后出运、基床清淤,最后进行安装的施工流程。

1. 方块墙身

墙身方块预制的质量好坏直接决定码头质量,在实际工程中往往成为管控重点,通常情况下方块构件预制需满足以下要求:

(1)预制场地的布置:预制件宜用混凝土地坪作底模。方块底模的允许高差不宜大于5mm。

(2)预制模板:底模表面应采取妥善的脱模措施,不应采用油毡或类似性质的降低预制件底面摩擦系数的材料作脱模层。

(3)混凝土中掺加块石:为了使体积较大的方块满足开裂要求,施工时通常在大方块内掺加块石以节约水泥,同时有效降低混凝土水化热内外温差。混凝土埋放的块石形状应大至方正,最大边与最小边之比不应大于2。

混凝土中掺加块石时,块石距混凝土表面的距离应符合下列规定:

(1)有抗冻要性要求的,不得小于300mm。无抗冻性要求的,不得小于100mm或混凝土粗集料最大粒径的2倍。

(2)块石应立放在新浇筑的混凝土层上,并被混凝土充分包裹。埋放前应冲洗干净并保持湿润。块石与块石间的净距不得小于100mm或混凝土粗集料最大料径的2倍。

现场浇筑混凝土时,振捣的好坏直接决定拆模后混凝土的外观质量,通常情况下墙身混凝土振捣需满足下列要求:

(1)插入式振捣器的振捣顺序宜从近模板处开始,先外后内,移动间距不应大于振捣器有效半径的1.5倍。

(2)随浇筑高度的上升分层减水。对于高混凝土构件,为防止混凝土松顶,混凝土浇筑至顶部时,宜采用二次振捣及二次抹面。如有泌水现象,应及时予以排除。

养护也是决定混凝土质量的关键环节,混凝土的养护从时间及位置等方面需满足下列要求:

(1)当日平均气温低于+5℃时,不宜洒水养护。

(2)素混凝土宜淡水养护,在缺乏淡水的地区,可采用海水保持潮湿养护。

(3)海上大气区、浪溅区、水位变动区采用淡水养护确有困难时,北方地区应适当降低水灰比,南方地区可掺入适量阻锈剂,并在浇筑2d后拆模,再喷涂蜡乳养护。

方块式墙身吊装运输需满足现场安装需求,出运时采取对称运输方式进行,先安的后装,后安的先装,海上远距离运输需固定牢靠,如图4-13所示。

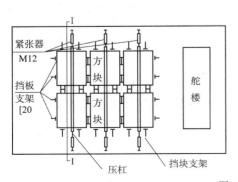
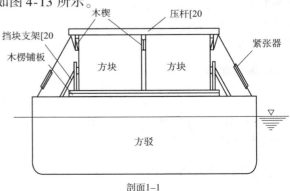

图4-13　海上方块出运图

墩式建筑物安装时应以墩为单位,逐墩安装,每个墩由一边的一角开始,逐层安装。在平面上,先安外侧,后安内侧。在立面上,有阶梯安装、分段分层安装和长段分层安装三种方法。

安装前需先进行检查、修整、清理,方块装驳前应先清除方块顶面的杂物和底面的黏底物,以免方块安装不平稳,对称装放和吊取。在安装底层第一块方块时,一般在设计第一块的位置先粗安一块,以它为依托安第二块,然后以第二块为依托,重新吊安第一块方块。对多层方块的底层或安装后不露出水面的构件应复核平面位置和高程,单层一次出水的空心块体和扶壁宜在顶部露出水面的条件下安装。

2. 沉箱墙身

沉箱预制工艺流程如图 4-14 所示。

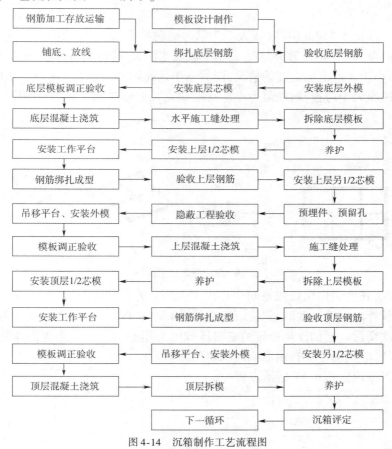

图 4-14 沉箱制作工艺流程图

通常情况下,沉箱很难一次性满足高度预制要求,因此往往需要接高,接高方式一般有座底接高和漂浮接高两种。

底座接高一般适用于所需接高沉箱量多、风浪大、地基条件好和水深适当的情况。漂浮接高通常需抛锚,一般适用于接高沉箱数量少、风浪小和水深较大的情况。水上接高时,必须及时调整压载,以保证沉箱的浮运稳定。

沉箱的海上运输,可用浮运拖带法或半潜驳干运法。对于成批、长距离,大型、限于施工条件或自身浮游稳性不足的沉箱,以及航程中海洋环境状态复杂,不宜采用浮运拖带法的沉箱,宜采用半潜驳或浮船坞干运法出运。

不超过 1~2 级浪时可采用浮运拖带方式,拖带前应进行吃水、压载、浮游稳定的验算,拖曳着力点应设在沉箱的浮心、重心之间,靠近浮心附近且拖带时的倾覆力矩为零处,远距离拖运必须封舱。

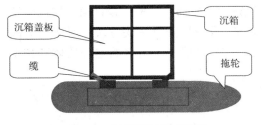

图 4-15 沉箱跨拖运输示意图

（1）跨拖

跨拖也称"绑拖"或"旁拖",是将沉箱以钢丝缆绑于拖船一侧,与拖船平行前进的一种方式,如图 4-15 所示。它适用于短距离和波高小于 0.5m 的水域中拖运和安放沉箱,它的优点为操作简单、便于联系、易于驾驶,对沉箱安放有利。它的缺点为航行阻力大、速度慢、易引起浪花,且易发生危险。

（2）拽拖

拽拖是拖船以长于 150m 拖缆（或大于 7 倍的拖轮长度）系带沉箱的一种方式。拽拖方式可分为正拖和斜拖,如图 4-16 所示。它适用于航道水深大于沉箱稳定吃水和拖行富裕深度之和,航道宽度不小于 4 倍沉箱宽度的情况,同时适于远距离和波高 0.5m 以下水域中拖运。它的优点为拖带速度大于跨拖,斜拖阻力小。它的缺点是船舶吃水深大、正拖阻力大、斜拖左右摇摆大。

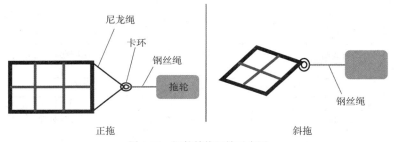

图 4-16 沉箱拽拖运输示意图

拖运沉箱时,其曳引作用点在定倾中心以下 10cm 左右时最为稳定。沉箱的浮游稳定设计时必须进行核算。沉箱出运时,保持沉箱在浮游时不致倾覆的性能称为沉箱浮游稳定性,其以定倾中心高度衡量。增加浮运稳定的临时压载可采用砂、石、混凝土等固体物,也可采用水压载,采用后者时应精确计算自由液面对稳定的影响。

沉箱安装可采取如图 4-17 所示流程。

图 4-17 沉箱安装流程图

沉箱安放按照平面布置形式不同可采取不同的安装方式,顺岸式、突堤式码头可由一端开始向另一端安装,墩式码头可以墩为单元,逐墩安装。

安装时首先应使沉箱定位注水下沉,下沉至沉箱底与基床面约 1m 时,暂停加水,同时测量沉箱 4 个角点位置,将上下游的高差调平。调平后沉箱继续注水下沉距基床面 0.3~0.5m 时,再一次暂停加水,测量、纠正沉箱位置,并将其前后坡度调至与基床倒坡坡度一致,然后再继续加水下沉,直至与基床全面接触。

沉箱坐底准备灌水前,潜水员应下水配合检查沉箱底和基床面吻合情况。若沉箱底和基床面吻合良好,则可以往沉箱内灌水。若沉箱底和基床面吻合不好,则应将沉箱抽水上浮,潜水员对基床进行修整。沉箱坐落于基床面上后,继续注水并不断测量观察沉箱动态,调整各仓注水速度,使沉箱不会在注水过程中产生偏位。当安装误差符合规范要求时,可向沉箱内加水到和潮水潮位一致,此时沉箱安装结束。

沉箱安装后,应检测偏位、缝宽、错牙。若不符合要求,则抽水起浮,重新进行安装。若符合安装要求,则应立即向箱内灌水,待经历 1 ~ 2 个低潮后复测位置,确认符合安装质量标准后,及时向箱内填充砂石料。沉箱内抽水或回填时,同一沉箱的各舱宜同步进行(相邻隔舱的水位及抛填高程要保持平衡,防止混凝土舱壁被压裂),同时其舱内液面高差限值需通过验算确定。

(六)抛填棱体施工

抛填棱体起到降低墙后的主动土压力的作用,棱体抛填前应检查基床和岸坡有无回淤或塌坡,必要时应进行清理。方块码头抛填棱体的制作可在方块安装完 1 ~ 2 层后开始,沉箱和扶壁后填棱体需墙身安装好后进行。

抛填棱体顶面和坡面的表面层应铺 0.3 ~ 0.5m 厚度的二片石,其上再铺倒滤层。抛填棱体顶面应高出预置安装的墙身不小于 0.3m。

(七)倒滤层与回填土

倒滤层位于抛石棱体顶面、坡面、胸墙变形缝及卸荷板顶面及侧面接缝处。具有防止土料流失的作用,结构如图 4-18 所示。

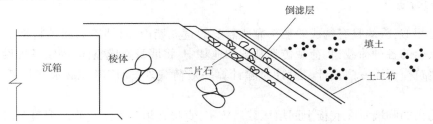

图 4-18　倒滤层结构图

倒滤层有碎石倒滤层和土工织物倒滤层两种形式,其中碎石倒滤层有可分层和不分层两种形式,可分层由碎石层和"瓜米石"(瓜子大小的石子)或粗砂或沙砾层组成,每层厚度不小于 15cm,总厚度不小于 40cm。不分层采用级配较好的天然石料(或粒径 5 ~ 8mm 的碎石)一次合成,厚度不小于 60cm。

直接设置在墙身接缝处的土工织物宜采用双层布置,抛石棱体后可单层布置。土工织物的技术要求参见《水运工程土工织物应用技术规程》(JTJ 239—2005)。

倒滤层抛筑时可采取以下原则:

(1)风浪影响较大的地区,胸墙未完成前不应抛筑棱体顶面的倒滤层。

(2)空心块体、沉箱、圆筒和扶壁安装缝宽度大于倒滤层材料粒径时,接缝处应采取防漏措施。此时,可在临水面下采用加大倒滤材料粒径或加混凝土插板,在临砂面采用透水材料临时间隔。

(3)土工织物的搭接长度应满足设计要求,并不小于 1.0m。

在棱体面铺设土工织物时应满足下列要求:

（1）土工织物底面的石料需进行埋坡，无石尖外露，必要时在其表面层铺 0.3～0.5m 厚度的二片石，其上再铺倒滤层。

（2）土工织物搭接长度满足设计要求，且不小于 1.0m。

（3）铺设土工织物后需尽快覆盖。

倒滤层完成后应及时回填。当墙后采用吹填时，需按下列规定执行：排水口宜远离码头前沿，其口径尺寸和高程应根据排水要求和沉淀效果确定；吹泥管口宜靠近墙背，以便粗颗粒沉淀在近墙处；吹泥管口距倒滤层坡脚的距离不宜小于 5m；在墙前水域取土吹填时，应控制取土地点与码头的最小距离和取土深度；吹填过程中应对码头后方的填土高度、内外水位、位移和沉降进行观测。干地填土时应符合下列要求：陆上填土采用强夯法进行夯实，夯击区要离码头前沿至少 40m；当干地施工采用黏土回填时，填料应分层压实，每层填土的虚铺厚度，对人工夯实不宜大于 0.2m，对机械夯实或碾压不宜大于 0.4m，填土表面应留排水坡。

采用开山石回填时，在码头墙后应回镇质量较好的开山石料，细颗粒含量应符合设计要求。墙后陆上回填时，其回填方向应由墙后往岸方向填筑，避免将岸坡淤泥挤入棱体下。

回填土选用时应选择土源丰富、运距近、取填方便的地方。选择回填易于密实、沉降量小、有足够的承载力的填土材料。墙后回填产生的土压力小的水下区域，通常可采用砂、块石、山皮土或炉渣作为回填料，水上部分也可采用黏性土、建筑残土和垃圾土回填，但需进行分层夯实或碾压处理。

除此之外，沉箱后方填土施工时还可大量填砂，此时可采用开体驳抛填、绞吸船吹填、皮带船抛填及陆上汽车运填等多种方式结合进行，后方填砂后需要振冲密实。

（八）胸墙施工

和墙身相似，胸墙具有构成船舶系靠所需要的直立墙面，阻挡墙后回填料坍塌，起到承受作用在码头上的各种荷载，将荷载传到基础和地基中，将墙身连成整体，固定各种设施的作用。

胸墙浇筑模板需专门设计。设计时除计算一般荷载外，尚应考虑波浪和浮托力（防止漏浆与淘刷）。

扶壁码头的胸墙宜在底板上回填压载后施工，直接在填料上浇筑胸墙混凝土时，应在填筑密实后浇筑。胸墙混凝土浇筑应在下部安装构件沉降稳定后进行，体积较大的胸墙，混凝土宜采用分层、分段浇筑。现浇胸墙混凝土时，混凝土振捣应在水位以上进行，混凝土初凝前不宜被水淹没，否则应采取防止淘刷的措施，预留沉降高度。

施工时施工缝的形式应做成垂直缝或水平缝，在埋有块石的混凝土中留置水平施工缝时，应使埋入的块石外露一半，增强新老混凝土的结合。在施工缝处浇筑混凝土时，对已浇筑的混凝土，其抗压强度不应小于 1.2MPa，在已硬化的混凝土表面上，应清除水泥薄膜和松动石子以及软弱颗粒混凝土层，水泥净浆和水泥砂浆的水灰比应小于混凝土的水灰比。

胸墙体积较大，除按设计要求分段外，还可采取分层浇筑，但要采取措施控制好施工缝，非岩基胸墙不可一次浇筑到顶，而需预留一部分高度（约 20cm），待沉降稳定后浇筑至设计高程。

胸墙一般处于水位变动区，为保证混凝土质量，应趁低潮浇筑混凝土。重力式码头必须沿长度方向设置变形缝，缝宽可采用 20～50cm，做成上下垂直缝。在新旧建筑物衔接处、码头水深或结构形式改变处、地基土质差别较大处、基床厚度突变处、沉箱接缝处应设置变形缝。

第三节　高桩码头

一、高桩码头的基本组成

通常情况下,高桩码头由桩基、纵梁、横梁、面板、靠船构件等组成,其中桩基按照材料组成又可分为钢筋混凝土桩和钢管桩。钢筋混凝土桩主要有普通钢筋混凝土桩、预应力(抗裂性能好)钢筋混凝土桩(空心或实心)、大直径钢筋混凝土管桩(外海深水)。钢管桩主要包括开口桩、半封闭尖桩、全半封闭尖桩等。

二、高桩码头施工

高桩码头施工流程如图 4-19 所示。

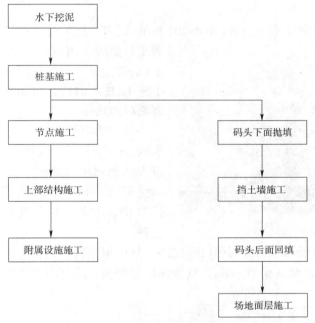

图 4-19　高桩码头施工流程图

(一)桩的制作

钢筋混凝土桩一般有先张法和后张法两种制作方法,该类型桩一般在专设的预制厂制作完成,非预应力桩也可现场制作。后张法预应力管桩,可先用离心法在工厂预制成管桩,再在工地现场穿高强度钢丝,通过施加预应力进行拼接。

钢管桩一般在专门工厂生产成单节管桩,运到工地后焊接拼装,加固桩顶及桩尖,并进行整桩防腐蚀处理。施工时尽量采用螺旋形焊接,分段拼接时必须在接头内侧加焊衬套,以确保接头牢固、平直、可靠。

(二)桩的吊运、堆存

桩从制成到沉桩,中间要经过吊运和堆存。该过程注意不要使桩产生损伤和变形。桩是对称配筋的,应使桩身产生的正负弯矩相等,并且在安全范围内,桩吊运时应遵循《港口工程施工手册》。

水平吊运:

$$M = 0.0215aqL^2 \quad (a = 1.3) \tag{4-10}$$

吊立:

$$M = 0.0250aqL^2 \quad (a = 1.1) \tag{4-11}$$

式中:a——动力系数(A型桩,即等断面桩);

q——桩单位长度重力,kN/m。

堆存时要求支垫点必须在吊点位置处、做好排水工作(养护水,雨水)、地基有足够承载力且需平整,桩存放时最多放三层。出运时应注意采取先用放上,后用放下,逐层装船(车),同一层内先放两侧,后放中间的原则。

(三)沉桩

沉桩时可采取打桩船水上打桩(图4-20)和吊机"陆"上沉桩(图4-21)两种方式,其中前者是目前最常用方式。采取该方式施工时要求水流、波浪条件较好,水深足够。后者打桩同陆上施工,施工时边打桩边铺面板前进,进而实现逐渐向前延伸。

图4-20 水上打桩图

目前的沉桩方法主要有锤击法、震动法、射水法、压入法等。其中,最常用的为锤击法。该方法是利用锤的断续冲击,使桩周围土体不断受挤压,剪切破坏,从而使桩逐步下沉的沉桩方法,锤的种类有蒸汽锤、柴油锤、液压锤三种。

蒸汽锤分为单动锤和双动锤两种(图4-22),其中单动锤冲击部分上升是由蒸汽推动,下降为自由下落,频率为50~80次/min。双动锤是上升和下降都由蒸汽作用,频率为100~200次/min。

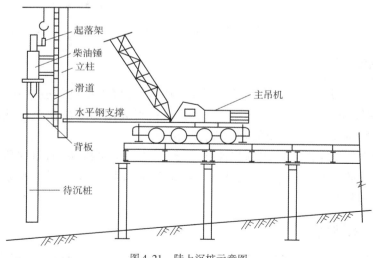

图4-21 陆上沉桩示意图

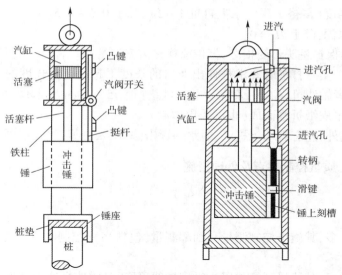

图 4-22　单动锤和双动锤示意图

蒸汽锤的优点在于锤质量大,使用稳定可靠,单动锤锤芯可分为 3.6t、4.5t 和 6.6t,冲程 0.4~0.6m。缺点在于打桩效率低、设备笨重、成本高。

柴油锤的工作原理类似内燃机,它的优点在于构造简单、使用方便,不需供气设备,使用费用低。它的缺点在于低温时启动困难,软土上打桩时贯入度大,不易反弹,往往不能连续工作,打击力不易控制,残油飞溅。

目前使用的多为筒式柴油锤,其频率一般为 35~60 次/min,锤芯重 2~10t。

锤击能近似计算:

打直桩时:

$$E = 1.2WH \tag{4-12}$$

式中:W——锤重;

H——落距(1~2m)。

打斜桩时:

$$E = 1.2WH\left(\cos\theta - \frac{\mu}{1.2}\sin\theta\right)$$

式中:θ——桩轴线和垂直线的夹角,(°);

μ——活塞与气缺的摩擦系数。

液压锤是一种新式的桩锤,对桩顶的瞬间冲击力小,桩头不易被破坏,压桩力作用在桩头上的持续时间长,能量利用率高,可用于水下打桩。它的缺点在于构造复杂,造价高。

桩架是打桩船另一重要组成部分,是起吊桩、桩锤、替打等的支架,同时桩架还可作为沉桩时导向之用。

打桩架高度由式(4-13)进行确定:

$$H \geqslant H_1 + H_2 + H_3 + H_4 - H_5 \tag{4-13}$$

式中:H——桩架有效高度(从水面或地面算起);

H_1——桩长;

H_2——桩锤和替打高度;

H_3——滑轮组高度;

H_4——安全高度(富裕水深),水上打桩 $1\sim2m$,陆上 $0.3\sim0.5m$;

H_5——施工水深,陆上 $H_5=0$。

打桩过程中为保护桩头不受损坏,打桩前往往需安装替打。替打主要起缓冲作用,保护桩头,也起送桩作用。实际打桩时要求桩伸出龙口的长度不超过替打长度的 $1/2\sim2/3$,以此保证锤、替打和桩三者轴线可以在一条直线上。桩垫(厚 $15\sim20cm$),起缓冲作用,使打击力量均匀,桩垫一般由牛皮纸折叠而成(也可采用木制)。

打桩除锤击法外,还有震动沉桩法、射水—锤击法、压入法等,此处不再介绍。

(四)沉桩施工质量控制要点及处理措施

1. 施工测量

高桩码头基桩多,其施工控制测量和细部测量,包括高程控制和平面控制点,与其他类型相比更为复杂。

测量基线的设置:基线尽可能与码头纵横轴线平行,且需选在通视条件好,视线短,地基条件好,不易沉陷和移动的地方。施工时,如果码头承台较宽,可随施工进展,将基线移设于已建成的承台上。基线的构造可为木板,板下可设短木桩,或在夯实的地基上现浇混凝土板。当条件不允许做平行于码头纵横轴线的基线时,可用前方任意角交汇进行细部测量,此时若码头轴线与设计采用坐标不平行,为了简化细部测量点的坐标值计算,应建立与码头轴线相平行的施工坐标系。

2. 沉桩前准备

沉桩施工前应详细查阅地质勘察报告,着重注意"透镜体"的分布范围、厚度、土质以及设计桩尖高程处上、下土层性质的变化。在基桩平面布置图上,标出各设计阶段钻孔的位置,设计桩尖处土层的高程、厚度、承载力值,在地质剖面图上,标出与其相邻近基桩的位置。同时需查阅挖泥竣工图,了解挖泥分层厚度和局部超深情况。最后还需核算打桩船架高,在基桩布置平面图上,校验打桩船驻位和锚缆设置能否沉全部基桩,如若不能需制定相应移船方案,并安排沉桩顺序(桩列、数量多时,可分层分段)。

3. 确定沉桩程序

通常情况下可采取以下流程沉桩:移船取桩→吊立入龙口→移船就位→调平船、调整龙口的垂直度(直桩)或斜度(斜桩)→定位,收紧缆绳→桩自沉→测桩偏位、调整船和龙口位置→压上锤与替打→再测偏位,再次调整和龙口位置→小冲程锤击沉桩→正常锤击沉桩→满足沉桩控制条件,停止锤击→估测桩偏位→起吊锤和替打→估测桩偏位→移船取桩……

4. 沉桩注意事项

斜坡上下桩定位时应适当偏向坡顶方向定位下沉(提前预留坡体滑动下沉量)。打桩时锤、替打和桩始终保持一条直线,避免偏击和整劲沉桩,自沉或压上锤和替打后,纠偏只能"微"调船位和龙口,尤其对钢筋混凝土桩,一定注意防止桩整断或者开裂。打桩过程中还需随潮水涨落松紧缆,保持船位不变,防止个别锚缆受力过大出现偏位。沉桩要连续,不要中断,以免土壤恢复增加沉桩阻力,给施工带来困难。此外,岸坡打桩时还需监测岸坡的稳定和已沉桩的变位,发现问题需及时进行处理。水深流急或浪大沉桩时,应对已沉桩夹桩加固,防止偏位增大或破坏,风力大于 6 级或波高大于 0.5m,或水流流速大于 1.5m/s,应停止沉桩作业。沉桩作业记录要准确,尤其是停锤前几阵的贯入度和锤冲击部分的反跳高度更需详细记录。

5. 沉桩控制条件

锤击沉桩的控制条件有标高和贯入度(通常控制最后贯入 100mm 或最后锤击的 30 ~ 50 击,平均每击的下沉量),二者均是满足设计承载力要求的指征点。贯入度直接反映沉桩阻力,进而反映桩尖处土层情况,在一定程度上反映了承载能力。桩尖标高控制可保证桩尖落在持力层上。

一般情况下,黏性土中,以高程控制为主,贯入度作校核。桩尖落在砂性土或风化岩层中时,应以贯入度控制为主,高程控制作校核。

(1)一般黏性土:桩顶高程允许偏差 +10.0 ~ 0.0cm;

(2)硬塑状黏土:桩尖已达到设计高程,贯入度仍较大,且设计对贯入度有要求时应继续锤击,使实际贯入度接近控制贯入度指标,一般不大于 1m。当桩尖离设计高程仍较大,但贯入度已较小且沉桩困难时,应继续锤击 10cm(或 30 ~ 50 击),其平均贯入度不应大于控制贯入度,但桩尖离设计高程不宜超过 1 ~ 2m。

(3)桩尖高程处为中密以上砂土层,老黏土层、风化岩层,应以贯入度为主,高程作为校核。

(4)沉桩不能满足上述要求时,应会同设计单位研究处理。

(5)控制贯入度应由试桩或当地实践确定。

6. 偏位控制

沉桩偏位难以避免,与桩身质量、风浪流影响、地形地质条件及沉桩操作均有关系。通常沉桩时应控制直桩桩顶偏差不大于 10cm、斜桩桩顶偏差不大于 15cm。离岸式码头的大直径混凝土管桩和钢管桩,直桩偏差可允许 25cm、斜桩 30cm,桩轴线斜偏差应不大于 1%。

7. 桩的裂损控制和缺陷处理

沉桩时应随时检查桩锤、替打和桩身轴线是否一致,时刻注意贯入度有无异常变化,检查桩顶破碎程度,预应力桩不应出现裂痕。沉桩完毕后,必须及时夹桩,采用方木顶撑或拉条固定,同时应严禁在沉好的桩上系缆靠船,应设立警示牌和灯光,防止船舶碰撞。

桩头若破裂、打烂,损坏部分应先凿去后再浇桩帽或接高。若沉桩不久遇孤石等障碍物,应采取先拔桩再清理障碍物后继续打的方式进行处理。

为防止偏差,沉桩前应检查复核施工基线,采用有足够精度的定位方法。在风浪流较小的情况下沉桩,应及时开动平衡装置和松紧锚缆,防止船位走动,维持打桩架规定的倾斜度。掌握在岸坡上打桩滑移规律,沉桩过程中应经常用经纬仪检查桩位及轴线倾斜情况,及时纠正。若偏位过大,则应采取补桩措施。

8. 接桩和截桩

桩基施工过程中往往存在桩长未达设计要求需要接桩的情形,接桩时不论是混凝土桩还

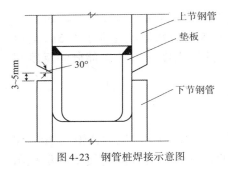

图 4-23　钢管桩焊接示意图

是钢桩,均须除去锤击损坏部分,再接高。当接钢筋混凝土桩时,需在夹桩支承系统完成后,用风铲凿除损坏混凝土,焊接受力筋,支模板重新浇混凝土。接钢桩时需先用磁力切割器截除损坏部分,再焊接接高,焊接时通常需加内垫板,如图 4-23 所示。

沉桩结束后,一旦桩顶高程高于设计高程,需进行截桩,截除方法同截打桩损坏部分,截断时应注意主筋在设计高程以上需保留满足锚固的长度,并不少于 50cm。

(五)上部结构施工

1. 桩帽施工

上部结构为预制安装时,基桩上多设有桩帽。桩帽分为单桩桩帽、双桩桩帽、叉桩桩帽、簇桩桩帽四种。

桩帽施工时需首先安装支承系统,该系统可分为夹桩式、悬吊底模式和悬吊侧、底模式三种类型。其中,夹桩式通常由一至三层夹桩木组成,该方式支承能力较小,但施工操作比较方便,如图 4-24 所示。

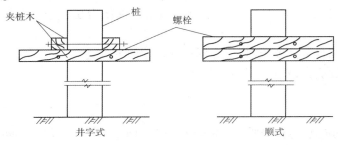

a)两层夹桩木

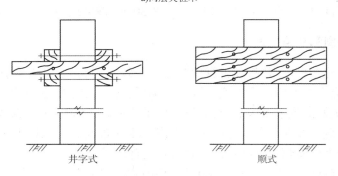

b)三层夹桩木

图 4-24　夹桩式支撑系统示意图

悬吊底模式支承系统通常由平面钢框架、螺栓吊杆、主次钢梁组成。该方式支承力计算准确,但用钢量大、费用高,因此该方式多用于钢桩的双桩、叉桩和簇桩等质量较大的桩帽,如图 4-25 所示。

悬吊侧、底模式支承系统通常需采用钢侧模和钢楞。该方式适用于平面尺寸大和质量较重的钢桩桩帽,如图 4-26 所示。

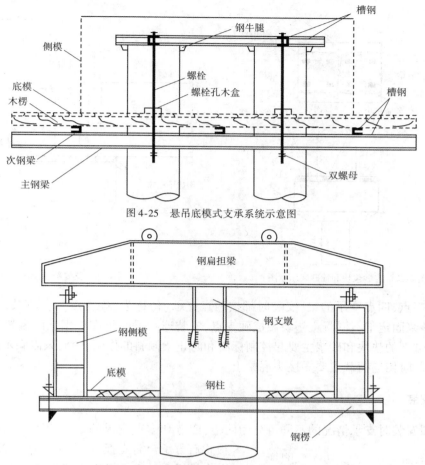

图 4-25　悬吊底模式支承系统示意图

图 4-26　悬吊侧、底模式支承系统

支承系统安装结束后需安设底模和侧模。底模通常采用木板铺设于木楞或型钢楞上，侧模则采用组合式钢模或木模，也可用组合式钢筋混凝土板模作为桩帽结构的一部分。

模板安装结束后需现场绑扎钢筋或安装预制钢筋骨架，后浇筑混凝土。此时，若上部节点现浇，则锚固筋位置要求不高，若上部为预制构件，则锚固筋要对准预留孔。

2. 预制构件安装

预制构件安装前需先核对桩的偏位、梁（板）搁置长度是否满足最小值，如不满足需加长或缩短预制构件。同时需校对预制件的尺寸、数量、预制质量、预埋件等，并进行吊装设备选型，核实吊装设备位置，合理安排吊装顺序，以段为单元，绘制预制构件安装图，标出构件名称和编号，控制施工高程，尤其是桩帽顶，梁顶，板底，面层顶的高程，每一步都需进行高程控制。

简支梁安装时需先在桩帽顶面和侧面分别标出梁的端线和边线，后在桩帽上用水泥砂浆固定垫块，块顶即为所需控制高程，再在垫块上安 4mm 左右薄木板，以木板顶为准，满铺水泥砂浆后除去薄木板，如图 4-27 所示。在梁的预留孔内插导向管，吊梁就位，用钩镰枪使锚固筋对准导向管安装，如图 4-28 所示。最后取出导向管，用水湿润预留孔壁，向孔内灌混凝土，成活后检测和记录梁的侧向倾斜度和两端搁置长度。

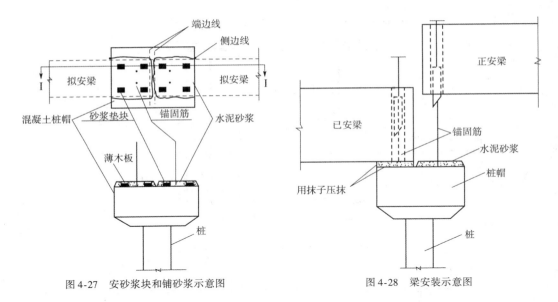

图 4-27　安砂浆块和铺砂浆示意图　　　　　　图 4-28　梁安装示意图

两点、三点、四点支承的梁,安装时都按两点支承(俗称为"硬支点")。安装前,需在桩帽上用水泥砂浆固定细石混凝土垫块做成硬支点,安装连续梁时梁在桩帽上的搁置长度无最小值要求,梁端下的垫块和砂浆主要起控制标高和防止梁倾斜的作用,因此只需满足施工条件的强度要求,此时传递荷载主要靠接头混凝土。

3. 板安装

板按照安装时支承情况的不同可分为两边、四点和多点支承的板。两边支承板多见于梁板式后方承台简支板、前方承台连续板;四点和多点支承板多见于无梁板式的双向连续板。

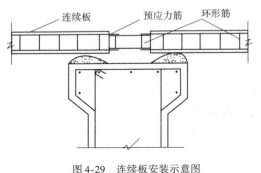

图 4-29　连续板安装示意图

简支板安装同简支梁的安装,用短钢筋将板接头处的数目对齐外露钢筋,采用搭接焊进行连接。连续板安装,所垫水泥砂浆需"外高内低",高处厚 3～4cm,比控制高程高 1cm 左右。连续板至少两侧需有外伸环形接头钢筋,为避免环形筋碰撞,板与板之间宜相对错开 3～4cm 或者 1.5～2 倍钢筋直径。连续板安装如图 4-29 所示。

4. 靠船构件安装

靠船构件的重心与安装时的支承点应不在一条垂直线上,吊取安装时必须施以水平力正位,可采取在顶部设手动葫芦正位,正位后顶部用拉杆与横向连续梁上的吊耳相连或下部用斜撑的方式支撑。尤其应注意,在未浇筑靠船构件与梁板之间的接缝混凝土之前,应严禁停靠船舶,以免梁板出现碰撞损坏,靠船构件安装如图 4-30 所示。

5. 轨道安装(门机或桥吊轨道)

轨道安装方法可分为吊轨法和预埋螺栓定位钢板法。吊轨法是沿轨道按一定间距安设吊轨架,轨道的轴线位置和高程测量同一般定线测量。为确保两条轨道在同一断面的高差不超过允许偏差,施工时宜沿中心线支立水平仪使同一断面测量的前视距离完全相等。轨道高程测量如图4-31所示。

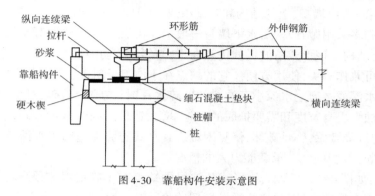

图4-30　靠船构件安装示意图

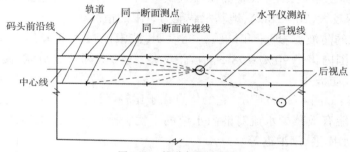

图4-31　轨道高程测量图

预埋螺栓定位钢板法采取定位后先浇筑混凝土,凝固后再安装钢轨的方式进行。由于该方法的螺栓螺母损坏后修复困难,因此试运行结束后应及时填沥青砂,使轨道螺栓、螺母与空气隔绝,而在轨道梁上的预留孔,多用硫黄砂浆来固定扣住钢轨的螺栓。

第四节　防　波　堤

为港口提供掩护条件,阻止波浪和漂沙进入港区,保持港内水面的平稳和船舶停靠、航行所需水深而修建的水工建筑物称为防波堤,其同时兼有防沙、防冰的作用,通常堤的内侧可兼作码头,或安放系锚设备,供船舶停靠,节省投资。

一、防波堤的形式

(一)按平面形式分

(1)突堤:一端与岸连接,另一端伸向海中,组成港口的口门。

(2)岛堤:两端均不与岸相连,位于离岸一定距离的水域中,没有堤根,只有堤头和堤身。

(二)按断面结构分类

(1)斜坡式:该形式防波堤通常由堤心石、护面、护底组成,如图4-32a)所示。它的优点是消浪功能好,波浪大部分不反射,对地基承载要求不高,损坏后易修复,施工容易,一般不需大型起重设备,便于就地取材。它的缺点是护面块石易被波浪潮流冲走,需经常维修,增加后期运营费用,且堤两侧不能直接作系靠船舶的码头之用。通常斜坡式防波堤适用于水深不大(10~12m),当地原材料价格便宜或地基较软的情况。

(2)直立式:一般由墙身、上部结构和基础组成,如图4-32b)所示。在临海,临港两侧均为直立墙,底部基础多采用抛石基床,水下墙身一般采用混凝土方块或混凝土沉箱结构,上部多采用现浇混凝土结构。该形式防波堤的优点在于,与斜坡式防波堤相比材料用量少,不需要经常维修,堤内侧可兼作码头,使用方便。它的缺点在于波浪反射大,消浪效果差,影响港内水域平静,如果堤前水深或基肩上水深小于波浪的破碎水深时,波浪会破碎,对堤前产生很大的动水压力,因此需加大堤身宽度和需要护底的措施,增大造价。同时该形式防波堤地基应力大,且对地基不均匀沉降敏感,一旦破坏,修复困难。直立式防波堤适用于水深较大(大于破碎水深,使波浪不破碎),地基坚实,承载能力大的情况。

(3)混合式:如图4-32c)所示,该形式防波堤的缺点在于确定斜坡顶高程要进行经济,技术比较,需论证方案稳定性,因此往往需做模型试验,增加设计费用,延长设计时间。混合式防波堤多适用于水深较大(20~28m),地基承载能力有限的情况。

(4)特殊形式的防波堤:理论和试验研究表明,波浪能量大部分集中在水体表面,在表面2~3倍波高范围内集中90%~98%的波浪能量,为有效降低波浪能,便产生了具有针对性消能的特殊形式防波堤。

①透空防波堤:如图4-32d)所示,它的优点在于比较经济,施工容易。它的缺点在于不能阻止泥沙进入,不能有效减少水流对港内水域的干扰。该形式防波堤适用于水深较大,波浪小,无防砂要求的水库港,湖泊港等。

②浮式防波堤:该形式防波堤由有一定吃水的浮涵或浮排和锚系组成,如图4-32e)所示。它的优点在于不受水深、地质条件限制,易拆除,易修建,较经济。它的缺点在于锚链设备复杂,可靠性差,易走锚,不能阻止泥沙进入港内,不能减少水流对港内水域的影响。它适用于波陡大,水位变幅大的渔港或作临时防护。

③喷气式、喷水式防波堤:如图4-32f)所示,该形式防波堤是通过气体和水流冲击使波浪波长变短,波陡变大,直到波浪破碎,从而消耗波能来实现防波的目的。它的优点在于施工简单,基建投资少,安装、拆迁方便。它的缺点在于动力消耗大,运输费用高。主要适用于围堰施工,打捞沉船及临时的装卸作业。

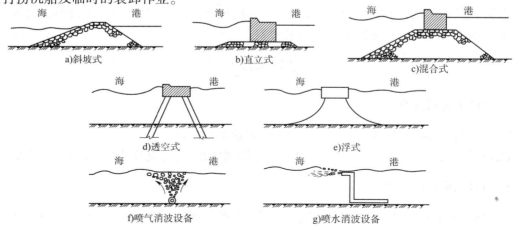

图4-32 防波堤的类型图

二、防波堤设计原则

防波堤设计通常采取以下原则：

（1）防波堤构造及选型应与施工条件相结合；

（2）防波堤建造应充分利用砂石等天然材料，还要尽量采用预制构件和利于海上快速施工的结构形式；

（3）防波堤承受外力主要为波浪力，其兼做码头时还应考虑船舶作用力和码头使用荷载，此外还要考虑冰凌和地震荷载的影响；

（4）由于防波堤在水工建筑物中地位特殊且波浪作用十分复杂，因此防波堤设计往往需借助水力模型进行验证；

（5）防波堤受海水生物侵蚀，因此结构材料需具有耐久性和可靠性；

（6）防波堤地位特殊，为防止其破坏造成的严重后果，防波堤建筑标准和安全度一般要求较高。

现阶段最常采用的是重力式防波堤，主要有直立式和斜坡式两种，直立式与重力码头基本相同，如图 4-33 所示，此处不再详细阐明。

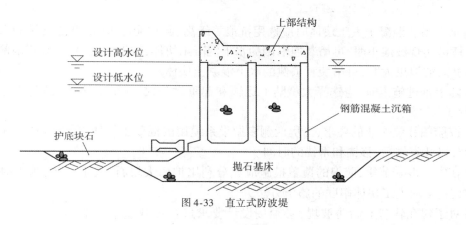

图 4-33　直立式防波堤

三、斜坡式防波堤

（一）施工特点

斜坡式防波堤工程量一般都较大，施工条件较差，特别是对于建在浅水区域的斜坡堤，水上材料运输和抛填施工都需要趁潮作业，有效工作时间短，易造成工期延迟。除此之外，斜坡堤在施工阶段对波浪的抵抗能力很弱，因此在确定施工方案和安排施工顺序时，必须充分考虑施工过程中堤身的安全和稳定，尽量减少和避免遭受波浪袭击而破坏。

斜坡堤施工时可采取陆上作业和水上作业两种方式，通常情况下是以陆上作业为主、水上作业为辅的陆上推进法。该方法的优点在于陆上作业部分几乎不受波浪的影响，可极大地增加可作业天数，必要时还可进行昼夜作业。同时，采用陆上作业法成本低，机械利用率高，船机费用节省，大风来临前可提前停止水上作业，但陆上作业还可抢做防浪加固处理，可缩短防浪的停工时间和减少浪击损失。除此该施工方式外还可采取全部水上作业的水上施工，如岛式防波堤的修筑。该方式往往受制于自然条件等影响因素制约而必须唯一选取，选取该方法受海上动力因素影响强烈,工期难以有效保障。

防波堤施工时为了减少风浪袭击的影响,充分利用可作业天数,在施工安排时通常遵循以下原则:

(1)在大浪季节里,主要是水位以下的堤心断面施工。拟定的原则是施工断面要小于设计轮廓线,而且要小到即使受风浪袭击后,堤心石也不会滚落到设计轮廓线之外。

(2)在大浪前、后的季节里,要多开工作面,开足马力,全力施工,为充分利用可作业天数,可加大流水分段长度,减小分层层数,配备足够的船机、劳力和储备充分石料、护面块体等。

(3)海况好,风、浪、流均较小时侧重安排防波堤迎浪侧的施工,海况差,风、浪、流均较大时,侧重安排防波堤背浪侧的施工。

(二)施工方法和施工程序

在经济合理的总前提下,所拟定的施工方法应最大限度地增加可作业天数,并充分利用可作业天数。

1. 施工方法

(1)水上吊装混凝土人工块体时应选用抗浪等级高、起重能力大、吊臂能旋转的大吨位起重船,这样可实现波浪小时,可吊装迎浪侧的水下混凝土块体,波浪大时,可吊装背浪侧的水上混凝土块体,波浪更大时,可吊装背浪侧的水下混凝土块体。

(2)陆上推进施工时,应选择大型陆上运输和起重设备,扩大陆上施工范围,要保证一天两班作业。

(3)按船舶驻位作业的要求,沿堤两侧多抛设系缆用的混凝土块体,并在块体上用锚链系带缆浮鼓,以节省候抛、移锚和系锚的时间。

(4)在大风浪季节里,防浪的覆盖措施应充分利用护面大块石、人工块体,施工时可采用兜装大块石,多块人工块体串联的施工方法。

(5)对于建在软基上的防波堤,必须按设计要求进行加载速率施工,以免堤身产生滑移坍塌。

2. 施工程序

(1)陆上推进施工的程序

堤心石→外坡垫层→护底→棱体→护面→胸墙→内坡垫石→护面。

从堤根开始至堤身到水深－1.0～－2.0m,堤心石可以一次到顶向前推进,水深较大时应分两次抛石施工。注意在胸墙施工时,若堤顶较宽,可多头展开,若堤顶较窄,胸墙施工后影响陆上推进,应将胸墙的施工期适当后延。如工期允许,最好让堤身经过一个大浪季节,使之经过较大风浪打击沉实后再进行胸墙的施工。

(2)水上施工程序

从一端向另一端开始→棱体下部基础→棱体和护底→堤心石(先粗抛,后长高至堤顶)→垫层与护面(先以外坡为主,内坡也要及时施工)。

对于施工季节的选择,水面以下的堤心石可全年施工,长高成型快速施工及抛垫层和护面,应在大浪季节后施工,其分段的流水长度视工程量和运输安装能力的大小而定。

(三)防波堤堤身设计施工

1. 防波堤施工前的准备工作

(1)设制平面控制基线和高程控制点;

(2)实测水深地形图,并据此计算、复核工程量;

(3)设置控制标。包括断面标(纵向标)和里程标(横向标),断面位置标的位置通常设在断面高程变化处,堤头,断面变化处,堤身转折处,堤中间设2~4处;

(4)放置潮位标。用潮位标,水深控制水下抛填的高程;

(5)设置石料储存场和出运码头;

(6)确定混凝土预制块的出运设施;

(7)明确石料料场的选定和质量要求,明确运输方式、计量设施及验方办法等;

(8)确定所设置水上锚系的措施;

(9)如果采用陆上推进施工,需修建施工道路。

2. 堤身基础处理

防波堤堤身所处位置地基土往往较软,对于软土地基,施工时可以采取抛石挤淤法、沙井排水加固法、置换法、铺砂垫层或土工布法、爆破挤淤法、分层加载预压法等进行处理。

爆炸法处理水下地基和基础是一项新的施工技术,主要有两种工艺:一是爆破排淤填石法(爆填法),二是爆破夯实法(爆夯法)。爆破排淤填石法是采用爆破方法排除淤泥质软土换填块石的置换法。爆破夯实是用爆破使块石或砾石地基基础振动密的方法。

爆破挤淤施工原理是通过爆破排淤形成空腔后进行填石。采用该方法施工首先在距抛石体外缘一定距离淤泥软基的一定深度处埋放药包群,利用炸药爆破释放的能量排挤淤泥,形成空腔,随即抛石体坍塌挤入空腔形成"石舌",以此达到置换淤泥的目的,如图4-34所示。

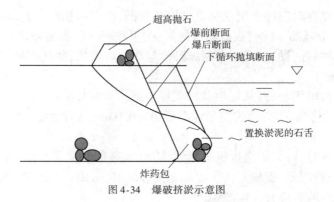

图 4-34　爆破挤淤示意图

3. 填筑堤身

防波堤堤身形成可采取抛填堤心石,也可爆破挤淤形成。抛填堤身石不论是岛堤还是突堤,都是从一端开始向另一端推进。突堤如采用陆上施工,则必须从堤根端开始,水上、陆上施工,因施工条件不同,其抛填方法也不尽相同。

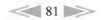

（1）水上施工

水上抛石施工时，通常采取先粗抛、再细抛、补抛的方式进行，如图4-35所示。粗抛时高程控制在±0.00m（水面）左右，抛填至施工高程。

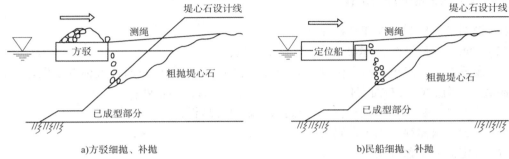

a）方驳细抛、补抛　　　　　　　　b）民船细抛、补抛

图4-35　细抛、补抛示意图

施工时抛填船舶可选取以下几种形式：

①民船运抛的抛填方法适用于浅水防波堤抛填和深水防波堤的补抛及细抛，如图4-36所示。

②方驳运抛日抛量较大，它特别适用于深水防波堤的粗抛，也可用于补抛、细抛。

③开底泥驳运抛常用于深水防波堤的粗抛填施工，一次抛填量较大。

④自动翻石船运抛常用于深水防波堤的粗抛填施工，但抛填费用较高。

⑤吊机＋方驳运抛，这是一种辅助性补抛方法。

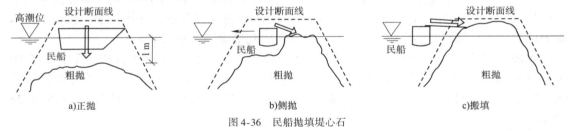

a）正抛　　　　　　　　b）侧抛　　　　　　　　c）搬填

图4-36　民船抛填堤心石

采取水上抛填堤身时应注意定期测量抛填断面图，初期可粗些，每20m一个断面，之后应细些，每5～10m一个断面。同时根据测量结果，按里程或区段控制需多抛或少抛的位置和再抛量，抛填时还应勤对标、勤测水深，控制坡脚位置和边坡坡长，使其不超过允许误差。

（2）陆上推进施工

陆上推进施工抛填堤心石，从堤根开始至堤身到水深-1.0～-2.0m，堤心石可以一次到顶向前推进。水深大于2m时，则先抛填堤心石至±0.00m，然后由陆上继续推进，将堤心石抛填到顶。

堤顶为一般宽度时，可采用拖拉机运抛，此法对道路条件要求不高，堤上无须局部加宽而设调头区，因此抛填费用低、管理方便。堤顶宽度较大时，采用汽车运抛，汽车或翻斗车运抛因轮压较大行车道路距坡肩应有一定的距离。

（3）爆破排淤填石成堤

爆破排淤填石法施工具有施工速度快、块石落底效果好、堤身经过反复爆破振动后密实度高、稳定性好、后期沉降量小、不需要等待淤泥固结即可施工上部结构、施工费用省等特点。该方法可适用于抛石置换水下淤泥质软基的防波堤、围堰、护岸、驳岸、滑道、围堤、码头后方陆域形成等工程施工，多适用于地质条件为淤泥质软土地基，置换的软基厚度宜在4～12m范围。

采取该方法施工时需先确定堤心石抛填宽度、高程、一次推进距离及堤头超抛高度等堤身抛填施工参数，并设计线药量、单孔药量、一次爆破药量、布药孔数、药包间距、布药位置、药包在泥面下埋设深度、爆破施工水位等合理的爆破参数。药包在泥面下埋设深度一般在 $0.45H \sim 0.55H$（H 为处理淤泥厚度），一次推进距离与堤身断面宽度、淤泥厚度及抛填施工能力有关，一般为 $5 \sim 7m$，最大不超过 $9m$。施工时不同部位需采取不同方式满足设计要求：

①堤头端部排淤推进（端部爆填）。在抛石堤前端一定宽度范围内、一定深度内布置药包爆炸形成石舌，使抛石堤向前推进，并使堤身坐落于硬土层上。

②侧坡拓宽排淤（边坡爆填）。按体积平衡要求把抛石堤向两侧抛填加宽，并沿抛石体边坡外缘一定深度和距离范围内布置炸药，爆炸形成向两侧石舌，使堤身两侧抛石体落底，增强堤身稳定性。

③边坡爆夯。在抛石体内外侧边坡泥石面交界处放置炸药包，爆炸夯实边坡，形成平台与设计要求的坡度。

4. 抛填垫层石

堤心石抛填完验收后，特别是外坡，要尽快地抛填垫层石，以提高斜坡堤的抗浪能力。抛填垫层石与抛填堤心石一样，按水上、陆上施工条件的不同，其抛填方法也不尽相同。垫层石抛填后，尚须作埋坡处理。

（1）水上施工

水上施工抛填垫层石的方法，有民船、方驳和方驳＋吊机三种方式，其具体抛法与抛填堤心石相同。块石质量在 200kg 以下时，水上部分用方驳＋吊机吊盛石网兜，定点吊抛。水下部分用民船或方驳运抛，并尽可能乘潮多抛，其中以用民船运抛较为经济、方便。块石质量 200kg 以上时，水上、水下一般都用方驳＋吊机运抛。

（2）陆上推进施工

水上部分抛填：

①拖拉机运抛块石，运抛至坡肩后，用挖掘机、铲车等辅助设备抛填，块石重 $100 \sim 200kg$ 时，用此法较为方便、经济。

②翻斗汽车运抛，当堤顶很宽、石料卸在坡肩上并采用铲车或推土机往坡面掀抛时，用此法较为经济合理。

③吊机吊抛，用拖拉机或翻斗汽车运石料，直接卸入网兜内，或卸下后用挖掘机或人力装入网兜，再用吊机吊盛石网兜，定点吊抛。

水下部分抛填：

①民船运抛、方驳运抛、方驳＋吊机吊抛的施工方法同前。但所用的吊机须有足够的起吊能力和吊臂长度。

②垫层块石一般都比较大而且重，抛填时应特别注意采取"宁低勿高"原则，局部低凹处可在理坡时边理边补抛。

垫层抛填结束后应及时进行埋坡，垫层石质量约为护面块体质量的 $1/20 \sim 1/40$，垫层的埋坡质量应根据垫层石质量不同需满足不同要求，当垫层石质量为 $10 \sim 100kg$ 时允许高差 $\pm 20cm$，当 $100 \sim 200kg$ 的垫层块石时允许高差 $\pm 30cm$，当护面为四脚空心方块的垫层石时宜铺砌，其水上、水下部分的允许高差分别为 $\pm 5cm$、$\pm 10cm$。

垫层块石埋坡的方法有滑轨法和滑线法两种,分别如图4-37、图4-38所示。

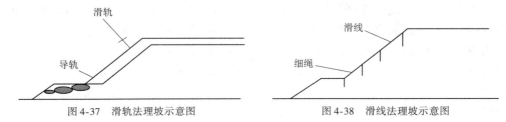

图4-37　滑轨法理坡示意图　　　　　　图4-38　滑线法理坡示意图

5. 抛填压脚棱体和护底

（1）压脚棱体

压脚棱体的材料可以为块石或干砌块石或用与坡面相同的护面块体材料。块石的质量为护面块体质量的 $1/5 \sim 1/10$。如果质量过大,抛填埋坡会比较困难。

施工时可采用水上施工或陆上推进施工,其抛填或吊安的方法与垫层或护面块体的施工基本相同。

（2）护底

护底离堤中心较远,且较薄,一般只能于水上用民船或方驳抛填。抛填时,应勤测水深,并控制其抛填厚度。

6. 护面层施工

斜坡式防波堤的护面层形式有干砌块石、浆砌块石、抛填方块、安放人工块体,其中前三种护面层与一般类似项目的施工基本相同,安放人工块体护面层与其他施工方式存有差异。

（1）混凝土护面块体的预制

护面层人工块体的形式主要有四脚空心方块、栅栏板、扭王字形块体、扭工字形块体、四脚锥体和三柱体六种,如图4-39所示。

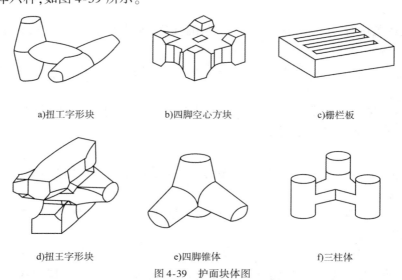

a)扭工字形块　　　　　b)四脚空心方块　　　　　c)栅栏板

d)扭王字形块　　　　　e)四脚锥体　　　　　f)三柱体

图4-39　护面块体图

（2）护面体预制

施工时尽量将预制场所选在拟建工程附近,且场地面积要足够大,能布置全部满足施工要求的预制台座,并且场地内具备相应的堆存养护场所。预制时需根据混凝土块体的形状特征,选择其预制成型方式和制作方式。在预制前,需按照要求进行模板的制作和加工,通常块体的底模可选用混凝土地坪、混凝土胎模或钢模,侧模一般选用钢模,某些块体的预制可能需设上模和芯模,上模可采用钢模或木模板,芯模可用充气胶囊或钢木芯模。

(3)混凝土护面块体安放

混凝土护面块体安放时一般四脚空心方块、栅栏板、扭王字形块体为单层安放,扭工字形块体和四脚锥体为双层安放。

施工时需首先按设计的安放图纸,选定安放方法,选用适宜的施工设备、运输方式和吊安方式。安放时应分段由下而上安放人工块体,及时覆盖垫层石,同时选择风小、浪低的天气施工。当采取水上施工时,可用吊机 + 方驳或起重船安放块体。当采用陆上推进施工,可采用吊机安放块体。规则安放块体时需水下潜水员辅助扶正定向,宜用带钩的长棍支顶块体的横杆或用插销系扣方法扶正定向,此时需注意确保施工人员安全。

第五章 河口治理工程

  河口为河流终点,即河流注入海洋、湖泊或其他河流的地方。未流入湖泊的内流河称为无尾河,可以没有河口。就入海河口而言,它是一个半封闭的海岸水体,与海洋自由沟通,海水在其中被陆域来水所冲淡。入海河口的许多特性影响着近海水域,河流近口段以河流特性为主,口外海滨以海洋特性为主,河口段的河流因素和海洋因素则强弱交替地相互作用,有独特的性质。

  众所周知河口地区河流入海,其河口段主要由径流与潮流相互作用、咸水与淡水混合控制,河口段及其两岸处于河海连接、过渡的特殊位置,因此常成为发展经济的重点地区。由于河口地区区位优势作用明显,河口的开发利用与沿海对外开放、经济繁荣密切相关,对内地的交通运输、工农业生产、商品流通也具有重要的促进作用。除此之外,河口地区具有丰富的海洋资源和独特的海洋环境,因此河口地区经济发展更为迅速。

  河口地区主要存在以下特点。

  (1)经济发达

  河口地区是大河流域广阔经济腹地对外开放、对外交流的重要门户,是向外与向内双重辐射的重要交通运输枢纽。

  (2)资源密集

  河口地区资源来自河流与海洋。丰富径流资源是发展工农业、建设城镇、人民生活用水的重要保证与优势。

  (3)产业交错

  河口地区资资源丰富多样,其开发利用常交错重叠,相互影响、相互制约,常会遇到水利、航运、围垦之间的产业矛盾。

  (4)环境复杂

  沿海河口直接承受海洋环境带来的潮汐、风浪、海流的影响,冬季还要承受寒潮大风及其引起的风暴潮的影响,北方地区还有冰凌灾害的影响。除此之外,还涉及泥沙冲淤、咸淡水混合、拦门沙浅滩及河口污染等复杂环境问题。

  国内外长期实践经验表明,河口必须实行"综合治理、综合开发"的方针,全面规划各种资源的开发利用,进行有计划、有重点的多目标开发,采取统筹兼顾的综合治理设施,既保护资源与环境,又获得最大的社会经济效益。

每一个河口区位、资源、环境、经济、技术的条件都不相同,其发展的模式与过程应具有自己的特色,开发要统观全局,具体筹划,抓住主要矛盾,明确开发重点,制订治理目标,才能实现河口地区的可持续发展。

中国河口在世界上也是有代表性的,河口演变具有明显的规律性特征。各动力因素中,潮汐的强度是重要的,甚至起到决定性的作用。强潮环境下,河口放宽率大,呈喇叭状,而弱潮环境下,河口放宽率小,呈多口门入海,前沿淤积幅度宽阔。

总之,河口治理是根据排洪、航运、灌溉、围垦等需要,采用整治、疏浚和其他措施改造河流入海段的基本建设项目,主要包括疏浚挖槽、水道整治、筑闸挡潮等建设施工。河口治理工程通过相应的方案与设施在河口地区形成人工水道区、围涂区、蓄水区等,可用于开辟深水通海航道或泄洪排涝水道,还可用于发展多种经营、改善地区缺水等。

第一节　疏浚挖槽

一、概　　念

疏浚工程是指采用水力或机械的方法为拓宽、加深水域而进行的水下土石方开挖工程。疏浚工程按其性质和任务不同分为基建性疏浚和维护性疏浚。

基建性疏浚是为新辟航道、港池等增加几何尺度、深度,进而改善航运条件而进行的水下土石方开挖,具有新建、改建、扩建性质的疏浚。

维护性疏浚是为维护或恢复某一指定水域原有尺度而进行的清除水底淤积物的活动。

疏浚工程对河口环境影响小,不会对河口综合治理造成明显影响。河口地区采用挖泥船或其他机具直接掘除水下土石方,开辟与维护水道,取得航运所需宽度与水深,或泄洪排涝所需的河槽过水能力,都属于河口疏浚工程。

海港或港区建成后,通常需开挖深水航道,按主要运输船型尺度的通航要求,确定航道的水深、宽度和转弯半径,尽量利用天然良好的水下地形和河口汊道或汊槽,必要时需开挖人工航槽,同时沿人工航槽布置相应的导航设施。

疏浚工程是获得人工航槽的最重要手段。

二、航　槽　疏　浚

河口地区发展航运时一般需要对河口拦门沙和入海航道进行疏浚。河口拦门沙为泥沙在河口口门附近的堆积体,工程上主要是指河口泥沙沉积带在航道上的浅段。

河口地区入海航道极易产生汊道,疏浚时需选择其中涨、落潮流流路较一致,平面位置较稳定,疏浚量较小,并以落潮流为主的汊道进行疏浚。

(一)疏浚规划设计内容:

疏浚工程的规划、设计包括:

(1)航道挖槽定线;

(2)确定挖槽断面尺度;

(3)选择挖泥船和泥土处理等。

(二)疏浚规划定线原则

挖槽定线除了要考虑风、浪、流等环境因素特征和船舶操作性能外,还须考虑泥沙回淤量,计算回淤量越小越好。

定线的原则是确定航槽方向和涨、落潮流流路相一致,尽量利用潮流的动力来维护航槽。

(三)回淤计算处理

人工开挖的航槽局部地改变了原有海域或河口水下地形及其冲淤平衡,疏浚后,挖槽将发生回淤,回淤强度 P 的公式:

$$P = \frac{\alpha \omega S_{*1} T}{\gamma_c} \cdot \left[1 - \left(\frac{H_1}{H_2} \right)^3 \cdot \left(1 + \frac{\Delta q}{q_1} \right)^2 \right] \cdot \frac{1}{\cos n\theta} \qquad (5\text{-}1)$$

式中: P ——单位面积上的淤积厚度;

α ——沉降概率;

ω ——泥沙沉速;

S_{*1} ——水流挟沙能力;

T ——潮周期;

γ_c ——泥沙干容量;

H_1、H_2 ——疏浚前与后水水深;

Δq ——疏浚后航槽内增加的单宽流量;

q_1 ——疏浚前槽内单宽流量;

θ ——水流与航槽轴线夹角;

n ——转向系数。

工程上通常取 $\Delta q = 0$, $\cos\theta = 1$ 时,式(5-1)可以化成:

$$P = \frac{\alpha \omega S_{*1} T}{\gamma_c} \cdot \left[1 - \left(\frac{H_1}{H_2} \right)^3 \right] \qquad (5\text{-}2)$$

天然良好的海上和河口人工航槽有时也需采用疏浚方式进行季节性维护,用来解决由海上风暴、洪季径流带来的泥沙淤积。多数河口经过航道整治工程后的拦门沙航槽,其水深的维护频率会进一步增加,因此整治后的航槽稳定工程往往仍然需要依托疏浚。

(四)挖泥船

疏浚工程选择合适的挖泥船会直接决定工程的效率与成本。挖泥船可分为机械(斗)式和水力(吸扬)式两种。

机械式挖泥船主要有以下三种形式:

(1)铲斗式,适用于掘取水下较坚硬的泥土和爆破碎石。

(2)链式,利用安装在斗桥滚筒上的链斗连续转动掘取水下泥沙,适用于淤泥土质作业。

(3)抓斗式,挖掘水中淤泥、黏土、砂砾,适用于狭小的局部作业范围。

1. 链斗式挖泥船

如图 5-1 所示,链斗式挖泥船工作时将斗桥的下端放入水下一定的深度,使之与疏浚土层相接触。然后在上导轮驱动下使斗链连续运转,带动斗链上的泥斗,挖泥后装入,再随斗链的转动提升出水面,并传送至塔顶部,经过上导轮改变方向后,斗内的泥沙在自身的重力下,倒入斗塔中的泥井。最后,泥沙经过两边的溜泥槽排出挖泥船的船舷外,从而完成挖泥。

图 5-1 链斗式挖泥船

链斗式挖泥船由于开挖后平整度较其他类型挖泥船好,因此该形式挖泥船适用于开挖港池、锚地和建筑物的基槽等,链斗式挖泥船可挖掘各种淤泥、软黏土、砂和砂质黏土等,如图 5-1 所示。

(1)链斗挖泥船生产率

链斗挖泥船的生产率可按照式(5-3)进行计算:

$$W = \frac{60nCf_{\mathrm{m}}}{B} \tag{5-3}$$

式中:W——链斗挖泥船生产率,$\mathrm{m^3/h}$;

n——链斗运转速度,斗/m;

C——泥斗容积,$\mathrm{m^3}$;

f_{m}——泥斗充泥系数,即泥斗中充泥体积与斗容之比;

B——土的搅松系数,取值参考表 5-1。

疏浚土的搅松系数 表 5-1

土 的 种 类	搅松系数值	土 的 种 类	搅松系数值
硬岩石(爆破)	1.5 ~ 2.0	砂(松散 ~ 中密)	1.05 ~ 1.15
中等岩石(爆破)	1.4 ~ 1.8	淤泥(新沉积)	1.0 ~ 1.1
软岩石(不爆破)	1.25 ~ 1.4	淤泥(固结)	1.1 ~ 1.4
砾石(很紧密)	1.35	黏土(硬 ~ 很硬)	1.15 ~ 1.25
砾石(松散)	1.10	黏土(中软 ~ 硬)	1.1 ~ 1.15
砂(很紧密)	1.25 ~ 1.35	黏土(软)	1.0 ~ 1.1
砂(中密 ~ 很紧密)	1.15 ~ 1.25	砂、砾石、黏土混合物	1.15 ~ 1.35

(2)辅助船舶的选配

采用链斗式挖泥船和吹泥船施工时,应根据施工条件选配泥驳。水上抛泥时,应配开底泥驳,对黏性土,宜选用舱壁较陡的开底或开体泥驳,吹泥船吹泥时,宜配满底泥驳,在外海抛泥,宜选用自航开底或开体泥驳。

泥驳所需数量,可按式(5-4)计算:

$$n = \left(\frac{l_1}{v_1} + \frac{l_2}{v_2} + t_0\right) \cdot \frac{KW}{q_1} + 1 + n_{\mathrm{B}} \tag{5-4}$$

$$K = \frac{V_{\mathrm{S}}}{V_{\mathrm{X}}} \tag{5-5}$$

式中:n——泥驳数量;

l_1——挖泥区至卸泥区航程,km;

v_1——拖带或自航重载泥驳航速,kn;

v_2——拖带或自航轻载泥驳航速,kn;

t_0——卸泥时间、转头时间及靠、离挖泥船时间的总和,h;

W——挖泥船生产率,m³/h;

q_1——泥驳装载量,m;

n_B——备用泥驳数;

K——土的搅松系数,K值可参照表5-1选用;

V_S——搅松后的疏浚土体积,m³;

V_X——河床天然土的体积,m³。

【例题5-1】 某疏浚工程工程量80万 m³,采用链斗挖泥船施工。该船泥斗斗容 0.5m³,泥斗充泥系数0.6,土的搅松系数1.2,经测算需配备50m³舱容自航泥驳4艘。其主要施工参数有:重载航行时间1.4h,轻载航行时间1h,卸泥掉头时间0.2h,无备用驳,该船时间利用率为 60%。请计算:计算该船生产率;确定挖泥船的斗速;确定本工程的施工天数。

解:

①生产率计算。

根据泥驳所需数量计算公式:

$$n = \left(\frac{l_1}{v_1} + \frac{l_2}{v_2} + t_0\right) \cdot \frac{KW}{q_1} + 1 + n_B$$

$$4 = (1.4 + 1.0 + 0.2) \times \frac{1.2W}{500} + 1$$

$$W = 480(\text{m}^3/\text{h})$$

②确定挖泥船的斗速。

根据链斗挖泥船的运转时间小时生产率计算公式:

$$W = \frac{60ncf_m}{B}$$

$$480 = \frac{60 \times n \times 0.5 \times 0.6}{1.2}$$

$$n = 32(\text{斗}/\text{min})$$

③确定本工程的施工天数。

挖泥运转时间:$T = \frac{800000}{480} = 1666(\text{h})$

施工天数:$\frac{1666}{24 \times 0.6} = 116(\text{d})$

(3)拖船

实际疏浚过程中应考虑被拖泥驳的大小、数量及编排方式、拖船牵引力、航区水深、风浪和水流等素配备拖船,其数量可按式(5-6)计算:

$$B = \left(\frac{l_1}{v_1} + \frac{l_2}{v_2} + t_0\right) \cdot \frac{KW}{D_0 q_1} \tag{5-6}$$

式中:B——所需拖船数;

D_0——拖船一次可拖带的泥驳数。

（4）链斗式挖泥船施工工艺

开工展布时，链斗式挖泥船自航或被拖到挖槽起始点的位置，挖泥船定位。如果顺流就位施工时，当挖泥船接近挖槽点后，先抛下艉锚，然后放松艉锚缆，船顺流前移，到挖槽起点处，即收紧艉锚缆，再放下斗桥使船体固定。如果逆流定位施工时，当挖泥船到达挖槽起点后，需则先放斗桥固定船位，然后待抛锚完成后，再校准船位。

链斗式挖泥船施工主要工艺流程如图 5-2 所示。

图 5-2　链斗式挖泥船施工工艺流程图

（5）链斗式挖泥船主要施工方法

链斗挖泥船主要施工方法有：斜向横挖法、扇形横挖法、十字形横挖法、平行横挖法等，挖泥时采用分条、分段、分层等方式进行施工。

链斗挖泥船施工方法应符合下列规定：

①当施工区水域条件好，挖泥船不受挖槽宽度和边缘水深限制时，应采用斜向横挖法施工。

②挖槽狭窄、挖槽边缘水深小于挖泥船吃水时，宜采用扇形横挖法施工。

③挖槽边缘水深小于挖泥船吃水，挖槽宽度小于挖泥船长度时宜采用十字形横挖法。

④施工区水流流速较大时，可采用平行横挖法施工。

（6）施工要求

①当挖槽宽度超过挖泥船的最大挖宽，或挖槽内泥层厚度均匀时，应采用分条挖泥。

②当挖槽长度大于挖泥船一次抛设主锚所能开挖的长度时，应按其所能开挖的长度对挖槽进行分段施工。

③挖槽转向曲线段、挖槽规格不同、施工受航行等因素干扰时，应对挖槽进行分段施工。

④当疏浚区泥层过厚，对松软土泥层厚度超过泥斗斗高的 2～3 倍时，对硬质土且泥层厚度超过斗高 1～2 倍时，应分层开挖。分层的厚度一般采用斗高的 1～2 倍，可视土质而定。

⑤链斗挖泥船宜采用逆流施工，只有在施工条件受限制或有涨落潮流的情况下，才采用顺流施工。顺流施工时应使用船尾主锚缆控制船的前移。

⑥链斗船作业时，一般布设 6 个锚，锚的抛设应满足施工要求。

2. 抓斗挖泥船

如图 5-3 所示，抓斗挖泥船是单斗作业，可以配备各种不同类的抓斗，如轻、中、重型抓斗，以适应挖掘各种不同硬度的土质。

抓斗挖泥船使用较为广泛，它不仅能挖掘各种质，还可以抓取水下石块及部分障碍物，如木桩、水泥桩等。抓斗挖泥船适用于小水域、港池、码头岸

图 5-3　抓斗式挖泥船

壁、码头基槽、过江管道、电缆深沟等特殊工程的挖泥施工。

抓斗挖泥船一般以抓斗斗容来衡量其生产能力的大小,目前世界上最大的抓斗挖泥船是日本设计与建造的"东祥号"和"五祥号",其抓斗容积约200m³,工作能力约6000m³/h,国内长江重庆航道工程局前些年从日本购买了一条斗容约50m³,作业能力约1500m³/h的抓斗挖泥船。近几年,中交集团的下属疏浚企业也建造了少量的抓斗疏浚船,振华重工为上海航道局建造的"新海蚌"抓斗疏浚船斗容30m³,是我国目前的自行建造的最大的抓斗疏浚船。

(1)抓斗挖泥船生产效率

抓斗挖泥船的生产率按式(5-7)计算:

$$W = \frac{60ncf_{m}}{B} \tag{5-7}$$

式中:W——抓斗挖泥船小时生产率,m³/h;

　　　n——每小时抓取斗数;

　　　c——抓斗容积系数,m³;

　　　B——土的搅松系数;

　　　f_{m}——抓斗充泥系数,对于淤泥可取1.2~1.5,对于砂或砂质黏土可取0.9~1.1,对于石质土可取0.3~0.6。

(2)抓斗挖泥船生产工艺

通过抓斗船的挖泥机具抓斗将疏浚泥土装至自航泥驳,然后由泥驳将疏浚土抛至指定抛泥区。抓斗式挖泥船主要工艺流程如图5-4所示。

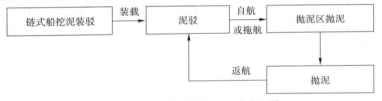

图5-4　抓斗式挖泥船施工工艺流程图

(3)施工工艺要求

①分条、分段、分层施工工艺要求。

当挖槽宽度大于抓斗挖泥船的最大挖宽时,应分条进行施工。分条的宽度,应符合下列要求:分条最大宽度不得超过挖泥船抓斗吊机的有效工作半径;在浅水区施工时分条最小宽度应满足挖泥船作业和泥驳绑靠所需的水域要求;在流速大的深水挖槽施工时,分条的挖宽不得大于挖泥船的船宽。

当挖槽长度超过挖泥船一次抛设主锚或边锚所能开挖的长度时,应进行分段施工,分段的长度宜取60~70m。

当疏浚区泥层厚度超过抓斗一次下斗所能开挖的最大厚度时,应分层施工。分层的厚度由抓斗一次开挖的厚度、斗重、张斗的宽度以及土质等确定,对2m³抓斗宜取1~1.3m,8m³抓斗宜取1.5~2.0m,硬土质可酌情减少。

②其他工艺要求。

当泥层厚度较薄,土质松软时,可采用梅花挖泥法施工。斗与斗之间的间距,视水流的大小及土质松软情况而定。

挖泥作业时,应根据土质和泥层厚度确定下斗的间距和前移距。土质稀软、泥层较薄时,下斗间距宜大。土质坚硬,泥层厚时,斗距宜小。挖黏土和密实砂,当抓斗充泥量不足时,应减少抓斗的重叠量。当挖厚层软土时,若抓斗充泥量超过最大容量时,应增加抓斗重叠层。前移距宜取抓斗张开宽度的0.6~0.7倍。

在流速较大的地区施工时,应注意泥斗漂移对下斗位置和挖深的影响,必要时应加大抓斗容量。

（4）抓斗的选用

抓斗挖泥船应根据不同土质,选用不同抓斗。

①挖淤泥时,宜采用斗容较大的平口抓斗;

②挖中等密实的土时,宜采用带齿的抓斗;

③挖硬质土时,宜采用斗容较小、质量较大的全齿抓斗。

3. 耙吸式挖泥船

耙吸式挖泥船是水力式挖泥船(图5-5),属于自航自载式挖泥船,该形式挖泥船除了具备通常航行船舶的机具设备和各种设施外,还有一整套用于耙吸挖泥的疏浚机具和装载泥浆的泥舱,以及舱底排放泥浆的设备等。

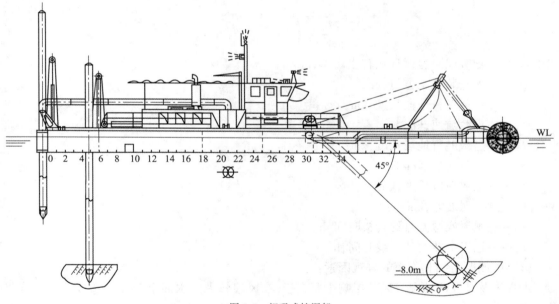

图5-5　耙吸式挖泥船

（1）工作原理及技术性能

耙吸式挖泥船装备有耙头挖掘机具和水力吸泥装置,该船的舷旁安装有耙臂(吸泥管),在耙臂的后端装有用于挖掘水下土层的耙头,其前端用弯管与船上的泥泵吸入管相连接。耙臂可作上下升降运动,其后端能放入水下一定深度,使耙头与水下土层的疏浚工作面相接触。通过船上的推进装置,使该挖泥船在航行中拖曳耙头前移,对水下土层的泥沙进行耙松和挖掘。泥泵的抽吸作用从耙头的吸口吸入挖掘的泥沙与水的混合体(泥浆),经吸泥管道进入泥泵,最后经泥泵排出端装入挖泥船自身设置的泥舱中。

当泥舱装满疏浚泥沙后,便停止挖泥作业,提升耙臂和耙头出水,再航行至指定的抛泥区,通过泥舱底部所设置的泥门,自行将舱内泥沙卸空,或通过设置在泥舱内的吸泥管,用船上的

泥泵将其泥浆吸出,经甲板上的排泥管将泥浆卸至指定区域或吹泥上岸。

耙吸挖泥船主要技术参数包括舱容、挖深、航速、装机功率等,其在挖泥作业中的最大特点是各道工序都由挖泥船本身单独完成,不需要其他辅助船舶和设备来配合施工,因此它有很多优越性:

①具有良好的航海性能,在比较恶劣的海况下,仍然可以继续进行施工作业。

②具有自航、自挖、自载和自卸的功能,在施工作业中不需要拖轮、泥驳等船舶,另外因该型船舶可以自航,调遣十分方便,自身能迅速转移至其他施工作业区。

③在进行挖泥作业中,不需要锚缆索具、绞车等船舶移位、定位等机具设备,而且在挖泥作业中始终处于船舶航行状态,不需要占用大量水域或封锁航道,施工中对在航道中的其他船舶航行影响很少。

耙吸式挖泥船技术性能优越,但同时也存在一些不足之处,主要是在挖泥作业中船舶是在航行和漂浮状态下作业,所以挖掘后的土层平整度要差一些,超挖的土方往往比其他类型的挖泥船要多一些。

(2)生产率计算

耙吸式挖泥船装舱施工的循环运转小时生产率按式(5-8)计算:

$$W = \frac{Q_1}{\dfrac{L_1}{V_1} + \dfrac{L_2}{V_2} + \dfrac{L_3}{V_3} + T_1 + T_2} \tag{5-8}$$

式中:W——耙吸船装舱循环运转生产率,m^3/h;

Q_1——泥仓装载土方量,m^3;

L_1——重载航行地段长度,km;

V_1——重载航速,km/h;

L_2——空载航行地段长度,km;

V_2——空载航速,km/h;

L_3——挖泥地段长度,km;

V_3——挖泥航速,km/h;

T_1——抛泥或抛泥时的转头时间,h;

T_2——施工中转头及上线时间,h。

影响挖泥船时间利用率的客观因素:

①强风及其风向情况。风的影响主要在于,在风浪较大的水面上疏浚会造成船舶自身操纵困难。

②波高影响。当波高超过挖泥船安全作业的波高时,应停止施工作业。

③浓雾。当能见度低,看不清施工导标或对航安全不利时,应停止施工。

④水流。特别是横流流速较大时,对挖泥船施工会造成影响。

⑤冰凌。当冰层达到一定厚度时,挖泥船不宜施工。

⑥潮汐。在高潮位时,挖泥船可能因其挖深不够而需要候潮,而当低潮位时有可能出现水深不足使疏浚设备搁浅,此时也需要候潮。

⑦施工干扰。如避让航行船舶等。

按上述影响时间利用率的7种因素,可计算整个施期间的客观影响时间,并根据对工程施工条件和类似工况的统计资料,求得挖泥船生产性停歇和非生产性停歇时间,以及运转时间。

时间利用率可按式(5-9)计算：

$$S = \frac{T_1}{T_1 + T_2 + T_3} \times 100\% \qquad (5-9)$$

式中：S——挖泥船时间利用率，%；

T_1——挖泥船运转时间，h，不同类型的挖泥船运转的作业过程时间不同，耙吸挖泥船指挖泥、溢流、运泥，卸泥以返回挖泥地点的转头和上线时间；绞吸挖泥船指挖泥及其前后的吹填时间，也即泥泵运转时间；链斗、抓斗挖泥船指主机运转时间；

T_2——挖泥船的生产性停歇时间，h；

T_3——挖泥船的非生产性停歇时间，h。

（3）施工工艺

耙吸挖泥船的主要施工方法有：装舱（装舱溢流）施工法、旁通（边抛）施工法、吹填施工法，挖泥采用分段、分层等工艺施工。

①装舱法施工。

装舱法施工时，疏浚区、调头区和通往抛泥区的航道必须有足够的水深和水域，能满足挖泥船装载时航行和转头的需要，并有适宜的抛泥区可供抛泥。

当挖泥船的泥舱设有几挡舱容或舱容可连续调节时，应根据疏浚土质选择合理的舱容，以达到最佳的装舱量。合理的舱容可按式(5-10)进行计算：

$$V = \frac{W}{\gamma_m} \qquad (5-10)$$

式中：V——选用的舱容，m³；

W——泥舱的设计净装载量，t；

γ_m——泥舱内沉淀泥沙的平均密度，t/m³。

②旁通或边抛施工。

旁通或边抛施工宜在下列情况下采用：

a. 当地水流有足够的流速，可将旁通的泥沙携带至挖槽外，且疏浚增深的效果明显大于旁通泥沙对挖槽的回淤时。

b. 施工区水深较浅，不能满足挖泥船装舱的吃水要求时，可先用旁通法施工，待挖到满足挖泥船装载吃水的水深后，再进行装舱施工。

c. 在紧急情况下，需要突击疏浚航道浅段，迅速增加水深时。

d. 环保部门许可，对附近水域的回淤没有明显不利影响时。

e. 吹填施工时。

耙吸式挖泥船旁通法施工工艺如图 5-6 所示。

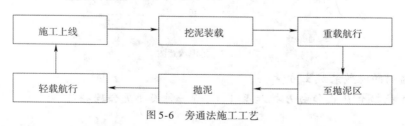

图 5-6　旁通法施工工艺

施工遵循原则：

a. 当施工区浚前水深不足，挖泥船施工受限制时，应选挖浅段，由浅及深，逐步拓宽加深。

b.当施工区泥层厚度较厚、工程量较大、工期较长并有一定自然回淤时,应先挖浅段,逐次加深,待挖槽各段水深基本相近后再逐步加深,以使深段的回淤在施工后期一并挖除。

c.当水流为单向水流时,应从上游开始挖泥,逐渐向下游延伸,利用水流的作用冲刷挖泥扰动后的泥沙,增加疏浚的效果。在落潮流占优势的潮汐河口和感潮河段也可利用落潮流的作用由里向外开挖。

d.当浚前断面的深度两侧较浅、中间较深时,应先开挖两侧,当一侧泥层较厚时应先挖泥层较厚的一侧,在各侧深度基本相近后,再逐步加深,避免形成陡坡造成坍方。

e.当浚前水下地形平坦,上部为硬黏性土质时应全槽逐层往下均匀挖泥,避免形成垄沟,使施工后期扫浅困难。

（4）耙头选用

耙头是耙吸挖泥船直接挖掘土壤的工具,是主要的疏浚设备,它对挖泥船的生产效率有很大影响。耙头类型很多,在土壤挖掘方面各有适用特点,因此疏浚施工开始前应根据疏浚区的土壤性质尽量选用合适的耙头,各种类型耙头及适用条件见表5-2。

耙头类型及适用条件   表5-2

序　号	耙头形式	适宜挖掘土质	说　明
1	"安布罗斯"耙头	极松散沙土	适用范围较广
2	"加里福尼亚"耙头	松散和中等	加齿与加装高压冲水,破土力大
3	"IHC"耙头	淤泥	荷兰标准耙头
4	"文丘里"耙头	中等密实细沙	有高压冲水时效率比 IHC 耙头约高 1/3
5	滚刀耙头	砾黏土风化岩	

从表5-2可知,疏浚前应根据土质选择不同耙头。

①挖淤泥、淤泥质土、软黏土宜选用"IHC"耙头;

②挖松散和中等密实的砂宜选用"加里福尼亚"耙头;

③挖密实的砂应在耙头上加高压冲水;

④挖较硬黏性土或土砂混合,宜在耙头上加切削齿或采用与推进功率相匹配的切削型耙头。

【例题5-2】 某耙吸挖泥船施工的工程,其挖槽中心至抛泥区距离15km,挖槽长度3km,该船以 5000m³ 舱容施工,施工土质密度 1.85/m³,重载航速9kn,轻载航速11kn,挖泥航速3kn,调头、抛泥时间8min,一次挖槽长度挖泥满载质量7000t,如图5-7所示。

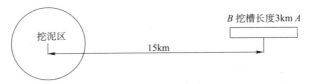

图5-7　挖泥示意图

请计算该船的泥舱装载土方量。

如图由 B 挖起至 A 止和由 B 挖起至 A 止,哪一种安排更合理些?

解:

①计算该船的泥舱装载土方量。

根据泥舱装载土方量计算公式求得装载量为:

$$Q_1 = \frac{G - \gamma_w Q}{\gamma_s - \gamma_w}$$

$$= \frac{7000 - 1.025 \times 5000}{1.85 - 1.025} = 2273\,(\text{m}^3)$$

②计算该船生产率。

重载航速：$9 \times 1.852 = 16.7\,(\text{km/h})$

轻载航速：$11 \times 1.852 = 20.4\,(\text{km/h})$

挖泥航速：$3 \times 1.852 = 5.6\,(\text{km/h})$

由 A 挖至 B：

$$W = \frac{Q_1}{\dfrac{L_1}{V_1} + \dfrac{L_2}{V_2} + \dfrac{L_3}{V_3} + T_1 + T_2} = \frac{2273}{\dfrac{15 - 1.5}{16.7} + \dfrac{15 + 1.5}{20.4} + \dfrac{3}{5.6} + \dfrac{8}{60}} = 993\,(\text{m}^3/\text{h})$$

由 B 挖至 A：

$$W = \frac{Q_1}{\dfrac{L_1}{V_1} + \dfrac{L_2}{V_2} + \dfrac{L_3}{V_3} + T_1 + T_2} = \frac{2273}{\dfrac{15 - 1.5}{20.4} + \dfrac{15 + 1.5}{16.7} + \dfrac{3}{5.6} + \dfrac{8}{60}} = 979\,(\text{m}^3/\text{h})$$

所以由 A 挖至 B 合理些。

【例题 5-3】 某耙吸挖泥船用 5000m³ 舱容挖掘施工，运距 20km，挖泥时间 50min，重载航速 9kn，轻载航速 11kn，抛泥及掉买 10min，泥舱载质量 7500t，疏浚土密度 1.85t/m³，海水密度 1.025t/m³，试计算：泥舱的载泥量、该船的生产率。试述耙吸挖泥船的主要技术性能及优缺点。

解：

①计算泥舱的载泥量。

根据泥舱装载土方量计算公式：

$$Q_1 = \frac{G - \gamma_w Q}{\gamma_s - \gamma_w} = \frac{7500 - 1.025 \times 5000}{1.85 - 1.025} = 2879\,(\text{m}^3)$$

②计算生产率。

$$W = \frac{Q_1}{\dfrac{L_1}{V_1} + \dfrac{L_2}{V_2} + \dfrac{L_3}{V_3} + T_1 + T_2} = \frac{2879}{\dfrac{20}{9 \times 1.852} + \dfrac{20}{11 \times 1.852} + \dfrac{50}{60} + \dfrac{10}{60}} = 905\,(\text{m}^3/\text{h})$$

4. 铰吸式挖泥船

绞吸式挖泥船是用装在绞刀桥梁前端的松土装置绞刀将水底泥沙不断绞松，同时利用泥泵工作产生的真空和离心力作用，从吸泥口及吸泥管吸进泥浆，通过排泥管输送到卸泥区而进行土壤疏浚的专业船舶，称为绞吸式挖泥船。

其特点是能够将挖掘、输送、排出和处理泥浆等疏浚工序一次完成，能够在施工中连续作业。

绞吸式挖泥船的主要设备由船体(桥梁桥架)、绞刀、绞刀马达、泥泵、定位装置、排泥管等构成。绞吸挖泥船简要构造如图 5-8 所示。

（1）生产率

绞吸挖泥船生产率分挖掘生产部分生产率和泵管路吸输生产率两种。两者之中，取其较小者代表绞吸式挖泥船生产率。因为绞吸挖泥船施工的特点就是挖与吸输同时完成，两者是相互制约的。

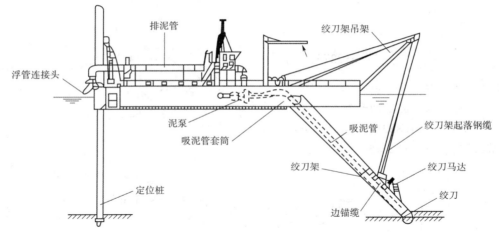

图 5-8 绞吸式挖泥船主要构造图

挖掘生产率主要与挖掘的土质、绞刀功率、横移绞车功率等因素有关,按下式计算:

$$W = 60KDTV \tag{5-11}$$

式中:W——绞刀挖掘生产率,m^3/h;

D——绞刀前移距,m;

T——绞刀切泥厚度,m;

V——刀横移速度,m/min;

K——挖掘系数,与刀实际切泥断面积等因素有关,实际应用中可取 $0.8 \sim 0.9$。

(2)泥泵管路吸输生产率

泥泵管路吸输生产率主要与土质、泥泵特性和管路特性有关,可按下式计算:

$$W = Q \cdot \rho \tag{5-12}$$

式中:W——泥泵管路吸输生产率,m^3/h;

ρ——泥浆浓度,按原状土的浓度公式计算;

Q——泥泵管路工作流量,m^3/h。

对于安装了流量计和密度计的挖泥船,其泥浆浓度公式计算:

$$\rho = \frac{r_m - r_w}{r_s - r_w} \times 100\% \tag{5-13}$$

式中:γ_m——泥浆密度,t/m^3;

γ_s——土的天然密度,t/m^3;

γ_w——当地水的密度,t/m^3。

【例题 5-4】 某绞吸挖泥船装有产量计,当产量计显示流速 $5.2m/s$ 时,泥浆密度为 $1.2t/m^3$,如原状土密度为 $1.85t/m^3$,海水密度为 $1.025t/m^3$,此时泥浆浓度为多少? 该船主要施工挖泥参数为:绞刀横移速度 $10m/min$,前移距 $1.5m$,切泥厚度 $2m$,如生产率为 $1500m^3/h$。试计算该绞吸挖泥船挖掘系数。

解:

①泥浆浓度计算。

$$泥浆的浓度 = \frac{单位体积泥浆中的土重}{单位体积天然状态泥中的土重}$$

$$\rho = \frac{r_m - r_w}{r_s - r_w} \times 100\% = \frac{1.2 - 1.025}{1.85 - 1.025} \times 100\% = 21\%$$

②挖掘系数计算。

根据挖掘生产率公式,有:

$$W = 60KDTV$$

$$K = \frac{W}{60DTV} = \frac{1500}{60 \times 1.5 \times 2 \times 10} = 0.83$$

(3)铰刀选用

绞刀是绞吸挖泥船直接挖掘土壤的重要挖泥部件,安装在绞刀架的最前端,其作用是通过旋转切割水底土壤,使之变形而破碎,并使破碎的泥土(沙、石)与水相混合,送往吸泥口。

绞刀主要类型有:开式绞刀、闭式绞刀、齿绞刀、冲水式绞刀、斗轮式绞刀、立式绞刀等。

通常情况下铰刀选用可按照表5-3进行。

绞刀类型及适用条件 表5-3

序　号	绞刀形式	适宜挖掘土质	说　明
1	开式绞刀	松散沙土(7)	早期刀型,破土力差
2	闭式绞刀	软塑黏土(2)	改进刀型,破土力较好
3	齿式绞刀	坚硬土(5)砾石	开、闭式的变形,破土力强。大功率船可挖风化岩
4	冲水式绞刀	坚硬土(5)	增加高压冲水,提高破土力与清除堵塞
5	斗轮式绞刀	适用范围较大	改进操作条件,提高泥浆浓度
6	立式绞刀	适用范围较大	改进操作条件,提高泥浆浓度

绞刀选用应注意以下要求:

①对淤泥、淤泥质土、泥炭、松散到中密的砂松软土质,应选用前端直径较大的冠形平刃绞刀。

②对黏土、粉质黏土宜选用方形齿的绞刀。

③对于坚硬土质,宜选用直径较小的尖齿绞刀。

④对岩石,宜采用可换齿的岩石绞刀;对石灰岩等无渗透性的坚硬物质,宜用凿形齿;对有渗透性的坚硬物质,宜用尖齿。

第二节　水道整治

一、河口冲淤

河口的冲淤演变是水流、泥沙、河床相互作用的结果。径流与潮流共同作用、咸水与淡水混合使河口流场更为复杂。河口泥沙来源广泛,可来自上游径流或口外沿岸流,还包括河口河床的泥沙再悬浮,泥沙的粒径与浓度也不相同,因此河口河床演变也频繁多样,往往不能适合人类对河口开发利用的需求,且开发利用常是多目标的。

河口水道整治应遵照河口综合治理与开发的原则,遵循河口段演变的规律,通过必要的整治建筑物,改善流场、控制水沙、调整河床,进行水道整治。

二、河势及整治目标

河口的发育演变有一个总的趋势,在某一时期河口的冲淤变化又有一个特定的形势,常称为河势。

河口各种资源的开发利用关系密切,相互影响、相互制约。根据资源的特点和经济发展的需要,在河口总体开发规划中应确定重点目标及其同其他目标的关系。

河口的多目标开发,特别是重点目标开发常同其演变的总趋势、近期河势不相适应或矛盾突出,因此,在河口的综合开发与治理中还应明确重点整治目标。由于河口的资源、环境、经济状况的复杂多样性,对河口的重点开发与整治目标,必须从实际出发,具体问题具体分析。

三、河口分段及其特点

大、中河口的多目标开发是不相同的,具有各自的矛盾、障碍、难题,以及相应的重点整治目标与要求,各种整治目标常与河口的主要入海水道密切相关。

目前,天然入海水道往往不能满足河口泄洪、排沙的要求,同时也不能满足河口开发的需求,仅依靠疏浚已很难维持人工航槽所需水深,因此常需针对性地采取河口治理工程。这其中最常用的就是水道整治。

潮汐河口由潮流与径流相互作用、咸淡水混合影响所控制,潮波传入河口后上溯过程受径流阻挡及河口河床边界限制与摩阻影响,潮波自身会发生显著变形与衰减,潮差和潮流逐渐变小,河床也发生相应的变化。

通常潮汐河口区按其水流动力场、泥沙运动场和河床形态特征大致可以分成三段,即口外海滨段、河口段和近口段,如图5-9所示。

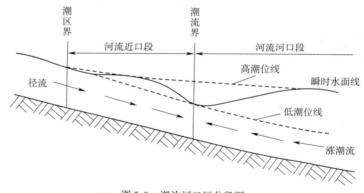

图5-9 潮汐河口区分段图

(一)近口段

潮波沿河上溯最远处为河口的潮区界,沿河涨潮流所出现的位置为河口的潮流界,随洪、枯水和大、小潮的遭遇不同,潮流界又有上、下界限之分。潮区界和潮流界之间的部分可称为近口段。

进口段特点如下:

(1)水位受潮波影响,仍有周期性起伏变化。

(2)水流为与径流一致的单向流。

(3)含沙量随流域来沙变化,与潮汐无关。

(4)垂向的流速和含沙量分布受潮汐影响不明显,但涨潮顶托时流速减小,悬沙中冲泻质仍不易沉降,底沙运移速度有所减缓。

(5)河段以径流为主,因此该段也可称为河口区的河流段。但受潮汐影响,流域来水受挡留蓄,水位高,落潮时水面坡降增大,使河线拉长,且河线多成弯曲状,河岸也易坍塌。

(二)河口段

河流入海处两岸有陆地为界的口门,口门处还可能有岛屿。潮流界和口门之间的部分称为河口段。

特点如下:

(1)此河段径流和潮流势均力敌,相互消长,洪季小潮时以径流为主,而枯季大潮时则以潮流为主。

(2)从潮流界向下游,水流的单向流改变为受潮汐涨、落形成的双向往复流。泥沙在水流作用下也来回运移,具有典型双向运动特征。

(3)含沙量随流域来沙变化,也受海域来沙变化影响,还要受涨、落潮进程中流速变化影响。涨急和落急时出现的最大流速可能将河床上泥沙掀起并悬扬,使含沙量增加;而涨憩和落憩时出现水流转向,流速很小或接近于零的时段,悬沙将沉降,含沙量便减少。

(4)涨潮流沿河上溯还会将含盐水体带入河口段,受径流冲淡和涨潮流逐渐减弱的影响,该段含盐度沿程减小。在盐水界范围内水质恶化,盐水入侵还改变了河口段流速分布和含沙量分布。

(5)河口段径流与潮流强弱交替、咸水和淡水混合、水体含沙量高低更迭,因此该河段也称为河口区的过渡段。

在河口段河口流场垂向分层明显,通常认为上层为下泄流,下层为上溯流,两层间流速为零时转流处称为滞流点。上溯流层的头部常积聚大量泥沙,细颗粒泥沙絮凝更增强积聚,形成河口拦门沙。河口段涨落潮流路分离,中间缓流区易形成暗沙或沙洲,出现复式河槽;暗沙或沙洲两侧涨落时间差引起水位差,出现横比降,产生越暗沙或沙洲水流,使沙滩难于淤高且易造成落潮主泓摆动,汊道强弱交替。

(三)口外海滨段

河流流出口门入海,河槽两侧无陆岸约束,高程逐渐下降过渡,在相当长距离的海域范围内,仍能保持相应宽度的水下河槽形态,拦门沙使河槽底床显著抬高,到河槽完全消失,与等深线垂直为止。口门外河槽为河口区的海滨段。

此河段河槽为涨、落槽作用形成的水下冲刷槽,强潮时,涨潮流的冲刷作用更为显著,海滨段涨潮流为主要动力,故称为河口区的潮流段。口外开敞浅海水域风浪也是重要动力因素,风浪破碎区对水下沙滩运动作用显著。

特点如下:

(1)沿岸流和河口外近岸海流带来明显影响。

(2)海滨段海域盐度场和温度场也是河段重要的环境条件。

(3)海滨段伸向外海,径流影响迅速减弱,潮流从往复流明显地过渡到旋转流、潮波运动的原有特征。

(4)各种复杂的海洋环境因素组成海滨段的动力场、流场。流域洪、枯季不同的来沙仍是主要的,其中细颗粒泥沙在口外遇含盐水体发生絮凝沉降,10‰~12‰盐度左右时絮凝作用最强。海域来沙,特别是当地的风浪掀沙,涨急与落急使床沙再悬浮的作业也十分明显。

(5)径流入海下泄流扩散使流速减小、泥沙沉降,潮流上溯流使泥沙向滞留点集聚,周围常出现高含沙区。

河口段和滨海段是形成拦门沙的交接区,而拦门沙在滨海段延伸范围往往很大,成为主要沉积特征。

拦门沙演变受多种因素影响,部位也有所摆移,这与底部滞流点的变动有关,洪淤枯冲是其一般变化特点,同时其还与流域来沙密切相关。台风、暴潮、强浪可能给河口滨海段带来短期的剧烈变化,航槽短时间会产生"骤淤",过后又逐渐恢复。中小河口风浪作用下在河口会形成水下沙脊、沙坝,使拦门沙形态各异。

四、河口地区整治工程设施

河口的水道整治工程要根据其重点整治目标的需求,遵循各分段动力与河床演变的规律进行布设。因此,整治工程实施前应先搞好水道整治规划,采用合适的整治设施,研究确定有效的整治工程方案后才能付诸实施,从而取得良好、好的整治效益。

(一)整治原则

潮汐河口的河床容积向下游逐渐递增,河宽也相应地加大。不同类型的河口具有不同的放宽率,河口整治的规划线与放宽率有关,规划中河槽宽度应避免突然收缩或突然扩大,整治实施时大致遵循以下原则:

(1)整治规划应因势利导、稳定和发展有利河势;

(2)河线应尽量采用顺流缓变,弯道以微弯形态为宜;

(3)强潮河口潮量沿程的变化率较大,河床放宽率也应较大,整治时注意控制浅滩使涨、落潮流路趋于一致,形成稳定的水流主槽并能集中水流增大水深。

(4)弱潮河口的放宽率可减小,由于其汊道多、口门多,整治时需尽量稳定分汊口,控制分水分沙,以利于维持、改善泄洪和航运汊道条件,对其水道与口门进行必要的整治。

(5)对各种河口碍航的拦门沙浅滩整治可采取束水攻沙、利用涨、落潮流刷深航槽。

(二)整治建筑物

这是水道或航道整治的重要手段。其主要作用如下:

(1)调整河床边界;

(2)改变水流结构;

(3)引导泥沙运移;

(4)控制河床演变。

常用的整治建筑物有导堤、丁坝与顺坝、潜锁坝等。

(1)导堤:在河口较多采用,作用是可以约束水流,冲刷底床,控制拦门沙淤涨,也是导流堤的一种形式。

布置位置:通常从河口口门向外布置在拦门沙航道的一侧或两侧(也须有一定的放宽率),规顺水流并增大水流挟沙能力,也能控制或减少两侧沿岸漂沙和风浪掀沙带来的影响,导堤的平面布置应着重考虑潮流、沿岸流、风向、泥沙来源等影响因素。

(2)丁坝与顺坝:丁坝布置与岸线或水流大致垂直,用以束窄河床,挑引集中水流,刷深航槽,拦截部分泥沙于坝两侧。

顺坝布置大致与岸线或水流平行,用以引导与规顺水流,冲刷航槽。两者也常共同组合使用。

（3）潜锁坝：这是一种坝顶常潜没于水下的，部分拦断汊道河槽的挡水建筑物，也称为潜堵坝。

常用于河口有汊道的"塞支强干"，阻挡一汊道水流，增加通航汊道的流量。也可用于河口较宽的复式河槽，涨、落潮流河槽明显分离的河床，对其中一河槽设潜锁坝限流、滞流，使另一河槽涨、落潮流路趋于一致，稳定深槽，有利于航运。

第三节　筑闸挡潮

沿海地区海洋灾害常很严重，台风暴潮的侵袭、咸水入侵的影响直接危及人民生活安全和工农业生产保障。

河口环境使海洋灾害易于沿河上溯危及更大范围，枯水季节涨潮流使咸水入侵上溯更远，洪水季节与台风暴潮遭遇导致防汛水位需求更高。因此，为了挡潮排涝、御卤蓄淡，改善工农业生产和人民生活用水，常需在沿海一些中、小河口修建挡潮闸。在大型河口与海湾情况下，为了防止风暴潮袭击，保护环境，也有兴建大型围海工程和挡潮闸的。为了解决当地淡水紧缺问题，在一些小型山溪性河口，季节性地筑堵坝挡潮蓄淡。

筑闸挡潮是为了河口开发与治理采取的一种重要方法，挡潮闸工程常完全改变了河口动力条件，会对河口地区和邻近地区带来显著影响。

一、闸下淤积

全国挡潮闸工程中江苏省所占数量多、规模大，很有代表性，在世界上都是少有的。江苏沿海近千公里的海岸带，约有大小 100 条河流入海，平均 10km 就有一通海水道，20 世纪 50 年代以来，为了抗御台风暴潮、解决洪汛内涝以及防咸、蓄淡、灌溉等需求，除灌河在上游支流筑闸外，沿海基本所有入海水道都在干流近口门处兴建了挡潮闸。据不完全统计，江苏省排水流量大于 $100m^3/s$ 的闸有 57 座，这些挡潮站在保障人民生命财产和发展农业生产等方面发挥了重要作用。然而，这些挡潮闸工程的实施显著地改变了河口地区潮流和径流相互作用的条件，打破了河口原来入海水道深槽与滩床的冲淤平衡状态，普遍地引起了闸下水道淤积。

造成闸下水道淤积的原因主要有三个方面：

①上游径流量的减少；

②闸下水道潮流量的缩小；

③挡潮引起的潮波变形。

这三个方面既是密切联系又是相互制约的。除此之外，有时风暴潮和异重流也有一定影响。

众所周知，建闸蓄淡会减少下泄径流量，挡潮闸截断部分上溯潮流量或纳潮使落潮流量减小，建闸后闸下水道淤积又减小涨潮量，落潮流量会更减小，淤积更加剧。同时，建闸后潮波从推进波变形为立波或驻波，使涨期历时缩短，涨潮流速与加速度增大，挟沙能力也增大，可以从海域带来更多的泥沙，而且落潮流速小于涨潮流速，涨潮流带进来的泥沙，落潮流不能全部带出，每潮都有相应的淤积，这是闸下淤积的根本原因。

利用河口河相关系可得筑闸前后的水深 H_1、H_2 的关系式：

$$\frac{H_2}{H_1} = \left(\frac{S_1}{S_2}\right)^{\frac{1}{3}} \left(\frac{q_2}{q_1}\right)^{\frac{2}{3}} \tag{5-14}$$

式中：S_1、S_2——分别筑闸前、后的含沙量；

q_1、q_2——分别筑闸前、后的单宽潮量。

二、减 淤 措 施

淤泥质海岸入海水道筑闸闸下淤积是普遍发生的问题。从其淤积特点来看第一年水流条件剧烈改变，淤积也最多，要占今后稳定情况下总淤积量的30%~50%，以后逐年减少，5~10年达到相对平衡。淤积总量的80%~90%将沉积在低潮位以下的河槽内，潮间带占10%~20%，沿程河床淤积厚度较均匀。综上，挡潮闸冲刷、减轻闸下淤积措施应在筑闸后及早进行，并根据其淤积特点针对性的安排减淤工作量。

通过大量现场试验与实践，目前取得良好成效的减淤措施主要包含以下三方面。

（一）内水冲淤

选择潮汐过程中对冲淤有利的时刻，利用闸内蓄水，排放减淤。尤其是大潮落潮开闸放水冲淤，效果更加显著，通常放水时内外水位可蓄1m左右落差，此时减淤效果最好。

（二）机械拖淤

在落潮冲淤或放水冲淤的同时，采用机船带动拖耙，将底床泥土松散并使之悬浮，落潮流便可带走更多的泥沙。如果水深大于4m，可在拖耙上增设喷气装置，以增强泥沙悬浮效率。

（三）纳潮冲淤

内水紧缺时，可在河口建两个闸，并在其间蓄纳潮水，排放同内水冲淤方法一样，梁垛河挡潮闸曾进行过现场试验，取得了良好的应用效果。采取该方式蓄纳潮水时应注意在潮位较高且含沙量不大的情况下进行，防止大量泥沙在两闸间水道淤积，同时还要防止纳潮时底沙带入。

河口筑闸挡潮和筑闸后闸下水道的淤积直接影响航运或完全破坏航运，还直接影响河口生态环境，截断生物回游，再者闸下淤积也极大降低了挡潮闸排水功能，影响泄洪排涝，因此在河口地区规划设计挡潮闸时应慎重。

第六章 人工岛与海洋平台

本章主要介绍人工岛和海洋平台。人工岛是人工建造而非自然形成的岛屿,一般在小岛和暗礁基础上建造,是填海造地的一种。人工岛的大小不一,由扩大现存的小岛、建筑物或暗礁,或合并数个自然小岛建造而成。有时是独立填海而成的小岛,用来支撑建筑物或构造体的单一柱状物,从而支撑其整体。

早期的人工岛是浮动结构,建于止水,或以木制、巨石等在浅水建造。现在的人工岛大多填海而成,然而,一些是通过运河的建造分割出来的,如迪特马尔申县。或者因为流域泛滥,小丘顶部被水分隔,形成人工岛,如巴洛科罗拉多岛。此外,一些甚至会以石油平台的方式建造,如西兰公国和玫瑰岛共和国。

海洋平台是为在海上进行钻井、采油、集运、观测、导航、施工等活动提供生产和生活设施的构筑物,是用于海上油气资源勘探、开发的移动式、固定式平台等统称。本章将对以上两种结构物做详细介绍。

第一节 人 工 岛

人工岛是指为了人们为了一定的目的和用途,在海中人工建造的岛屿。一般而言,狭义的人工岛指在海中填筑而成的陆地,而广义的人工岛则包括桩式和漂浮式等能在海域中形成一定使用场地的各种海上建筑物,如图6-1所示。

人类建设人工岛的历史悠久,其历史可追溯至史前时期的苏格兰和爱尔兰。很多人工岛都在市内的港口上建造,中国明代嘉靖年间(1522—1567年)已有建造人工岛的文字记载。但大规模的建设则是在20世纪。进入20世纪以来,随着工业化的迅猛发展,美国、日本、西欧等发达国家开始建设一系列人工岛,世界现代化的人工岛建设则始于20世纪60年代,起初主要用于钻采海底油气。20世纪70年代中期,美国开展了建设人工岛综合性港口的研究。荷兰于年提出了在北海地区建设综合性人工岛的详尽的可行性研究报告。日本年建成神户港大型人工岛,历时巧年,耗资约亿美元。进入21世纪,中东、韩国、中国、东南亚等发展中国家和地区也开展了大规模的造岛运动。随着人类对海洋环境日益重视,人工岛越来越成为围海造地的重要发展方向之一。

人工岛的兴建主要有以下几方面的用途:

（1）港口建设。随着港口深水化发展趋势,越来越多的港口需要建设人工岛或人工半岛,以形成港口陆域,如我国洋山深水港区、江苏洋口港区。

（2）城市建设。由于陆上土地资源有限,人们迫切需要向海洋扩展空间,用于城市建设、机场建设、开发旅游业务等,如香港机场、澳门机场等。

（3）海上油气勘探开发。建设人工岛实现海油陆采与常规钢平台海油海采相比,具有明显的优势,如冀东南堡油田、胜利油田、辽河油田、大港油田、美国长滩油田等。

图 6-1　人工岛

一、人工岛的发展历程

纵观国内外人工岛的发展历程,大致经历了以下三个阶段:

第一阶段是传统顺岸式沿岸围海造地。围垦内河或海湾的沿岸浅滩,主要是为了解决工业厂区、居民住房用地或农业用地紧张等方面的问题。如我国在渤海湾、黄海、东海、南海沿海、长江、珠江沿岸等地区实施了大量的围海造地工程,这是人工岛发展的初期阶段。

第二阶段是近岸人工岛。近岸人工岛建造在离岸不远的浅水区,通常与大陆采用桥梁或堤坝等联系,它们的用途与第一阶段相比明显增强。如日本神户市的港岛等项目,我国洋山深水港区工程等。这个阶段的人工岛在建造技术和功能设计上日趋完善,并逐步走向成熟。

第三阶段是离岸海上人工岛。离岸人工岛通常建造在离岸 2～15km 处,建造点的水深20～50m,与大陆的交通通常依靠海上交通和直升机航空联系,目的是利用远岸海洋空间。这种人工岛主要应用于建发电厂、石油开采或独立的综合性工业基地。

人工岛的位置一般选在靠近海岸,水深不超过 20m,掩蔽良好,附近有足够土石材料的海域。作为进行海上作业或其他用途的场所,大多有栈桥或海底隧道与岸相连。现代工业发达的沿海国家,滨海一带人口密集、城市拥挤,使得进一步发展和建设新企业及公用设施受到很大限制,原有城市本身的居住、交通、噪声、水与空气污染等问题也很难解决。因此,兴建人工岛,能改变上述难题。人工岛是利用海洋空间的方式之一,也是一种新兴的海洋工程。

二、人工岛的类型

1. 人工岛类型

人工岛可以按照使用功能和结构类型进行分类。

（1）按使用功能：人工岛可作为港区、工业基地、钻采和储存石油设施、机场、海上旅游城市、海上交通、居住以及军事设施等。

（2）按结构类型就结构类型来说，人工岛可分为固定式和漂浮式。固定式人工岛主要包括填筑式人工岛、桩式人工岛和重力式人工岛，其中填筑式人工岛在固定式人工岛是最为常见的。漂浮式人工岛又可以分为浮体式人工岛和半潜式人工岛。

根据国内外约350座人工岛统计的结果，各种类型人工岛在总数中所占的比例如下：填筑式约占38%，桩式包括导管架—桩式和自升式平台约占18%，重力式约占13%，漂浮式约占31%。由此可见，海岸工程常用的类型主要是填筑式人工岛。据统计，大部分填筑式人工岛的建造水深在20m以内。

2. 人工岛的形状和布置

由于人工岛大多位于远离海岸线的外海水域，直接受到风、浪、流的作用，缺乏天然或人工的掩护，为使其能够适应这些特定的海洋环境条件，具备抵御来自各个方向作用力的能力，故其平面形状多为圆形、椭圆形、八角形或其他不规则形状。为防止岛周围的局部冲刷、确保岛体安全，应尽量减少对现有岸滩和通航环境的不利影响。

人工岛的位置一般取决于其使用功能。如钻采石油的人工岛，位置主要取决于海底的油藏地质构造。此外，人工岛的位置还应尽可能选择有利的地形、地貌、地质等自然环境条件。

填筑式人工岛周围护岸或称岛壁的结构形式主要有斜坡式、直立式、混合式和沉箱式。而斜坡式又可分为由砂砾组成的缓坡型（或称岸滩型）和由大块石或各种混凝土消浪块体作护面的陡坡型两种。

人工岛的岛壁结构与一般的码头或防波堤的并无根本性的差别，但由于人工岛的所处的环境比码头和防波堤更恶劣，更易受风、浪、潮、流等自然条件的影响，因此，通常选择结构整体性、预制装配程度高、海上工作量少的结构形式。

三、人工岛工程

1. 选址

人工岛工程在选址时主要考虑以下因素：

（1）自然条件。通过调查分析，研究人工岛工程所在地的自然环境是否良好，气候条件是否适宜，以及工程海域的潮流、波浪等状况。自然条件对人工岛护岸的破坏力作用是影响工程选址的重要因素之一。

（2）水深条件。通过水深地形测量，研究人工岛工程所在地的水深条件。水深条件关系到人工岛工程回填成岛的工程量。

（3）地质条件。工程区地质条件关系到抗震情况和工程的施工方法。

（4）外部协作条件。工程的水陆交通是否便利、工程用电是否方便关系到人工岛工程能否顺利地完成。

（5）工程对周围水工设施及附近进出港船舶影响情况等。

综合分析工程所在海域的气象、水文、地质等自然条件、对附近船舶的通航影响和外部建设条件，从而判定工程选址是是否合理、是否适合开发建设。

2. 平面布置

人工岛工程的平面布置主要考虑以下因素：

（1）人工岛工程围填区距离海底电缆至少500m安全距离，同时围填区的底边坡和危险品锚地距离不小于150m。

（2）人工岛围填区离岸距离，如果距离较远则可以避免由于波浪绕射和泥沙运动的影响而在岛与陆之间形成连岛沙坝，从而不致使周围海域的水文条件发生大的变化，但距离太远可能会增加经济成本。

（3）人工岛工程总平面布置是否按功能不同分区布置，是否便于管理，能否满足人工岛功能与设施布置用地的需求。

（4）人工岛的形状是否利于提高土地利用率，是否有利于远期的发展等。

3. 工程特点

人工岛工程主要包括岛身填筑、护岸和岛陆之间交通联系三部分。

岛身填筑，一般有先抛填后护岸和先围海后填筑两种施工方法。先抛填后护岸适用于掩蔽较好的海域，用驳船运送土石料在海上直接抛填，最后修建护岸设施。先围海后填筑适用于风浪较大的海域，先将人工岛所需水域用堤坝圈围起来，留必要的缺口，以便驳船运送土石料进行抛填或用挖泥船进行水力吹填。护岸的结构形式常采用斜坡式和直墙式。斜坡式护岸采用人工砂坡，并用块石、混凝土块或人工异形块体护坡；直墙式护岸采用钢板桩或钢筋混凝土板桩墙，钢板桩格形结构或沉箱、沉井等。人工岛与陆上的交通方式，一般采用海底隧道或海上栈桥连接，通过公路或铁路进行运输，也可以用皮带运输机、管道或缆车等设备运输。人工岛工程建设有以下特点：

（1）建设标准复杂。不同用途的人工岛有其相应的使用寿命要求，用于海上油气资源勘探的临时人工岛，其寿命可短至两年，用于海上油气生产的人工岛寿命一般从十几年到几十年，而海上机场、城市、跨海交通人工岛寿命一般超过100年，不同的寿命要求对应了相应的建设标准，而建设标准的确定对项目方案、投资均有重要影响。由于用途各异，每个人工岛的建设一般都有各自的建设标准，人工岛建设标准的确定比较复杂，需要进行专门研究论证。

（2）建设条件复杂。人工岛的建设有更复杂的外部条件，包括地质、波浪、潮流、海冰等。由于有的人工岛远离海岸，基础资料欠缺，现场勘察和波浪潮流测验需面临更复杂恶劣的作业环境，使得人工岛建设在基础资料获取方面比常规项目有更大的难度。

（3）建设技术复杂。由于人工岛在建设标准和建设条件方面的复杂性，相同的工程内容往往比常规海岸工程的要求更高、技术更复杂，有时现有的标准规范和技术经验难以直接采用，需根据使用要求，针对关键技术问题进行专门研究，如关西机场人工岛的地基沉降问题（图6-2）、东京湾横贯公路川崎人工岛的岛壁结构等。

（4）施工组织复杂。人工岛的建设缺乏陆地依托，给施工带来较大难度，对于大型人工岛，其施工组织更为复杂，填料来源、护岸结构、地基处理等的组织和实施比常规项目都有更大难度。

（5）配套设施复杂。由于缺乏陆地的支撑，人工岛成为一个独立的系统，需要考虑各种配套设施，水、电供应，污水和生活垃圾处理，以及撤离和逃生系统等都比常规项目复杂。

图 6-2　关西机场人工岛

（6）工程量大、投资大。由于上述建设条件、施工组织的复杂性，导致人工岛建设一般投资较高，因而更深入细致的研究工作相对更加重要，方案的优化、新技术的采用往往意味着较大的投资节省。

4. 人工岛工程的建设与规划布置主要考虑的因素

（1）人工岛工程是否与当地总体规划紧密协调，是否合理利用了海域资源，是否与当地的发展规划顺利衔接。

（2）人工岛工程是否符合国家及地方环境保护法规，是否充分考虑了工程对环境的影响，防止因工程的建设而对附近海域造成污染。

（3）人工岛工程是否服从海岸的防护和整治，是否综合考虑各种因素，人工岛工程的范围是否适当、合理。

（4）人工岛工程是否考虑到了对所在地区排洪、防潮、输沙、交通航运、生态保护等。

（5）人工岛工程是否综合考虑地形、地质、潮流、波浪、泥沙、安全等级及使用要求等各类因素。

5. 人工岛工程的特殊性

人工岛工程与其他水工工程相比，其特殊性主要表现在施工内容和施工方法上。

人工岛工程主要施工内容包括人工岛护岸施工、人工岛陆域吹填和地基处理，并且各种内容多交叉进行。其中，人工岛护岸多采用块石构成，陆域多采用吹填沙和外运土方式形成，地基处理根据工程底质的不同可采取真空预压法、水上深层搅拌法、爆破除淤法等。

人工岛岛身填筑，一般有先抛填后护岸和先围海后填筑两种施工方法。先抛填后护岸适用于掩蔽较好的海域，用驳船等运送土石料在海上直接抛填，最后修建护岸设施。先围海后填筑适用于风浪较大的海域，先将人工岛所需水域用堤坝圈围起来，留必要的缺口，以便驳船等运送土石料进行抛填或用挖泥船进行吹填。斜坡式护岸采用人工砂坡，并用块石、混凝土块或人工异形块体护坡。直立式护岸采用钢板桩或钢筋混凝土板桩墙，钢板桩格形结构或沉箱、沉井等。人工岛与陆上的交通方式，一般采用海底隧道或海上栈桥连接，通过公路或铁路进行运输,也可以用皮带运输机、管道或缆车等设备运输。人工岛距离陆地较远,又无大宗陆运物资时,则常常采用船舶运输。

人工岛工程的施工工艺和施工方法不同,对附近船舶通航安全的影响也不尽相同。一般来说,护岸施工、陆域吹填、爆破挤淤等施工工艺均会对附近船舶的通航安全产生以一定的影响。

人工岛工程可划分为前期规划阶段、中期施工阶段和后期建成阶段,人工岛工程对通航安全的影响主要体现在中期施工时可能产生的临时性影响以及后期建成时可能产生的永久性影响。关于人工岛工程对通航安全的影响,可以从碍航性析分析、符合性分析、适应性分析和系统保障性分析等方面进行。具体来说,主要从以下几个方面入手:

（1）对人工岛工程附近的通航环境现状进行调查和分析。

（2）对人工岛工程自身安全分析。主要包括护岸结构选型、堤顶高程校验、海上栈桥尺度分析、导助航设施配备论证等。

（3）分析不同的施工工艺对通航安全的影响。

（4）分析人工岛工程施工期和建成后对附近过往船舶通航安全可能产生的影响。

（5）分析人工岛工程对附近水工设施产生的影响。

6. 工程的关键技术

（1）建设标准的确定

人工岛的建设标准主要包括使用寿命、防潮防浪标准、沉降标准、抗震标准等。建设标准需根据人工岛功能、使用要求、岛上设施的重要性等综合论证确定。目前针对人工岛的建设标准尚没有明确、统一的规定,人工岛的建设标准与现有海岸工程相关标准相比有一定的特殊性。鉴于建设标准的确定是工程建设的前提,且直接影响建设方案和工程投资,因而建设标准的确定是人工岛建设首先需要解决的重要前提条件。

（2）基础资料的获取

与常规的海岸工程相比,人工岛建设基础资料的获取难度更大,首先外海往往缺乏资料积累,需要进行大量的现场观测和实验研究。其次人工岛一般建设标准较高,对基础资料的要求更严格。人工岛建设的影响因素更复杂,需要考虑的因素更多,因而人工岛建设项目经常需要开展大量的研究,以获取更清晰准确的基础资料。

（3）陆域形成与基础处理

人工岛的陆域形成需要大量的填料,最理想的填筑方式是就近取砂吹填形成人工岛,但这种理想状况并不是很多,多数情况需要陆上来料和吹填相结合形成陆域。陆域形成和地基处理是紧密结合的,人工岛地基处理方案也比较复杂,一方面是人工岛所处海域地质状况相对海岸更复杂,另一方面人工岛填筑用料往往不是十分理想。根据使用要求,要针对陆域形成和地基处理进行专题研究。

（4）护岸结构

人工岛的四周是防护建筑物,人工岛的防护建筑物与一般的海岸和港口工程并无显著的差别,一般的码头或防波堤的结构形式,原则上都可用于人工岛的岛壁结构。但由于人工岛的建造环境比码头和防波堤更易受风、浪、流等自然条件的影响,因此通常要求人工岛的结构整体性更好、预制装配程度更高、海上特别是水下的工作量更少。由于人工岛所处自然条件比一般的海岸和港口工程建筑物更为复杂,因此其结构形式也更为多样化。

（5）生态与环保

相对于沿岸填海，人工岛对于生态和环保的影响相对较小。但它对生态环保的影响仍应加以重视，在平面形态、填筑方式等方面考虑生态环保的要求，多采用有利于生态环境和环保的技术和方案。

（6）监测与监控

无论何种形式的人工岛，都是处于复杂的海洋环境中，在人工岛建造和使用过程中，必须安装各种测试仪表和监测仪器，对沉降、位移等随时进行监测控制，以确保建造质量和正常使用。

（7）极端事件的影响

人工岛面对的极端事件包括风浪、地震、海啸等。极端情况下，人工岛结构应允许一定程度的破坏，但一般要求破坏后建筑物仍能大部分存留，并可在原基础上进行修复。另外，人工岛的安全性还与其用途有关，有更高安全要求的设施（如核电站）会对人工岛结构安全有更高要求，极端情况下人工岛的承受能力是人工岛建设中需考虑的问题。

四、国内外海上人工岛建设技术进展和经验

人工岛的用途主要包括：工业人工岛，如在海上建设能源基地、海洋石油开采平台等；交通用人工岛，如海上机场、港口、桥隧转换人工岛等；储存场地，如海上石油储备基地、危险品仓库等；娱乐场所，如海上公园、游艇基地、人工海滨等；海上城市；农业渔业用地等。

国外已建人工岛较多，对人工岛建设技术研究较多的国家主要是西方海洋性国家，如日本、荷兰均建设了大量人工岛，美国、英国、中东地区等也建设了部分人工岛。日本是多山岛国，国土狭小，人口稠密，随着城市化发展，填海造陆非常广泛，是建造人工岛数量最多、规模最大的国家，对人工岛的研究也最为深入。日本有代表性的人工岛主要包括东京湾横贯公路川崎人工岛、关西机场人工岛、神户海上城市人工岛等。在人工岛建设技术方面，日本对于自然条件、岛壁结构、地基处理、施工组织、生态环保等方面都有较深入的研究。北海之滨的荷兰围海造陆世界闻名，荷兰的海岸工程历史悠久、成绩卓著，它所在的莱茵缪斯三角洲的土地上，有40%是围海而成的。在欧美人工岛的设计中，比较重视对基础资料的分析，包括地质和地基条件、风浪、冰以及海岸变化等，对设计标准、岛壁结构、岛的稳定性、沉降等也都有所研究。

我国于1992年建成了中国第一座油气开发用人工岛——张巨河人工岛，位于黄骅市岐口镇张巨河村东南海中，距岸4.125km，为浅海石油勘探开发开辟了重要途径，这座圆形人工岛外径63.6m，壁高12m，厚1.8m，岛壁为钢筋混凝土结构。此后，我国渤海内许多油气田的开采都采用了人工岛形式，这些用于油气开发的人工岛，其水深较浅，且普遍规模较小。澳门国际机场是我国在海上填筑人工岛作为飞行区的第一个工程，机场位于澳门冰仔岛东侧，整个机场包括航站区及飞行跑道区。飞行跑道区在海中填海形成。其范围包括：跑道、平行滑行区、联络道、安全区道等，人工岛陆域面积115m×104m。目前正在建造的位于珠海拱北湾南侧的珠澳口岸人工岛，是港珠澳大桥主体工程与珠海、澳门两地的衔接中心。大桥通往珠海、澳门两地的口岸同设在该岛上，既分离设置又连接互通。珠澳口岸人工岛体东西宽930～960m，南北长1930m，护岸总长超过8000m，填海造地总面积217.56m×104m。其填海工程主要包括护岸、陆域形成、地基处理及交通船码头等。

我国的人工岛建设还处于起步阶段，经验不多，但由于有海岸工程、港口工程的技术和

经验积累,以及国外人工岛建设技术和经验的借鉴,我国已完全具备建设大型人工岛的能力。

五、我国海上大型人工岛建设技术

1. 功能与规模

考虑到人工岛一旦选址建设,具有不可变性,且投资昂贵,前期研究工作耗时长,准确、全面确定人工岛功能非常重要。人工岛的主体功能一般是明确的,其相关功能、配套功能、未来发展功能往往比较难以确定。人工岛孤立于海中,没有大陆依托,相关功能、配套功能必须仔细研究、考虑周全。人工岛功能也必须有前瞻性,一次规划,整体建设还是分期建设根据需要研究确定;建成后再增加功能,增大规模,不但投资增加,而且有可能存在难以克服的技术问题。

2. 人工岛设计标准

(1)与使用要求相关的标准,包括使用寿命标准、沉降标准、位移标准、承载力标准等。一般来说,人工岛的使用寿命与其上设施的使用寿命应相当,若其上的使用设施属可更新的设施(如城市建筑、游乐设施等),人工岛的标准则需另行论证确定。同样、人工岛的沉降、位移、承载力等标准也直接取决于其上设施的要求,这些属于使用要求,一般不涉及人工岛主体安全因素。

(2)与安全相关的标准,包括潮位重现期,波浪重现期与累积频率,海冰、抗震标准等。潮位、波浪标准决定人工岛高程、防护结构等;在冰冻地区,需考虑固定冰和浮冰的影响;抗震标准决定人工岛抵抗地震的能力。

3. 人工岛选址

一般来讲,人工岛都有特定的功能,其选址往往受到使用需求的制约,但综合考虑地质、自然条件等因素仍是选址的重要内容。在我国已建和在建的人工岛项目中,主要包括海上油气人工岛、海上机场、海上港口、跨海通道、城市人工岛等。在海上油气人工岛选址中,主要受资源储存位置的影响,海上机场人工岛主要受空中航路、周边限制条件影响,海上港口人工岛主要考虑航道稳定、淤积冲刷等条件,跨海通道桥隧转换人工岛则主要根据整个通道的布置确定,用于城市开发的人工岛则主要考虑其城市功能、景观和环境。

4. 关键基础资料获取技术

根据人工岛功能、所处位置的不同,人工岛的关键基础资料也不尽相同,具体包括潮位、波浪、潮流、泥沙、海冰、海啸、断裂带分布、地震动参数、土体性质等。人工岛多处于外海,没有掩护,波浪频率高、波高大,风频率高、风速大,现场勘察和测验难度很大,一方面增加了成本,另一方面也需要采用更多的新技术手段。

5. 陆域形成与基础处理技术

陆域形成和地基处理是人工岛工程中两项重要内容。对于海上大型人工岛,陆域形成填料来源是十分重要的因素,最理想的情况是拟建人工岛附近有充足的海砂可供吹填造陆,或者人工岛临近的陆地有大量可供回填的土石方。上述理想状况不具备时,则需要认真研究填料来源。陆域形成和地基处理密不可分,陆域形成大致决定了地基处理方式,地基处理对陆域形成方案的选取也有直接的影响。具体的地基处理方案和常规的地基处理没有太大差异,但需要处理好地基处理效果、造价和工期的关系,取得综合最优的效果。

6. 新型护岸结构

人工岛的护岸结构和常规海岸项目的护岸没有本质的差别,但由于人工岛总体要求一般会高于常规护岸,且建设条件复杂、施工难度大,因而人工岛护岸结构需考虑更多的因素,主要包括:水深浪大的外部条件,适应软土地基的要求,整体性好、便于施工的要求,景观、环保对护岸结构形式和结构材料的要求,外海恶劣自然条件下的护面块体和护底结构防冲刷要求,护岸结构的抗震及其震后损毁修复问题,恶劣海洋腐蚀环境下结构性能退化问题等。现有技术条件下针对上述问题可以采取一定的措施,彻底解决还需要进行更深入的研究。

7. 施工组织

人工岛的施工组织和常规海岸项目有所不同,特别是对于远离海岸的人工岛和大型的海上人工岛,其施工可能涉及多种作业方式、多道工序的同步进行,对施工组织的要求非常高。

8. 其他技术问题

人工岛建设中涉及的关键技术问题还包括生态与环保技术、监测与监控技术等。人工岛设计中应特别重视生态与环保问题,在平面布置、陆域形成方案中尽量考虑减少对生态环境的影响,在结构设计中适当考虑景观护岸、生态护岸,尽量使人工岛和周边环境和谐相处。在人工岛的建设和使用过程中,需进行大量的监测和监控工作,以保证人工岛建设质量,以及为后续使用和维护提供依据。

目前,我国大部分沿海城市都有填海造地或建设海上人工岛的计划,有些已经付诸实施,预计未来还有很大的发展空间。虽然人工岛的用途各不相同,但人工岛的建设有着广阔的未来。

第二节 海 洋 平 台

当今世界面临着人口、资源和环境三大问题。随着世界人口的增长和陆地资源因加速开采而日渐枯竭,海洋资源的开发、海洋环境的保护与利用已成为世界各国普遍关注的问题,整个人类赖以生存的地球表面的是海洋,而陆地面积大约只占地球表面的30%。随着人类文明的发展,陆地上的资源包括各种动植物资源、矿产资源等被大量的开采、消耗,许多自然资源在陆地上已经日渐枯竭。与之相比,我们对海洋资源的开发和利用相当有限,所以海洋也被称为人类残存的宝库。海洋的海底蕴藏着丰富的矿产资源,种类繁多。而海底的石油和天然气是最重要的海底矿产资源。自20世纪50年代以来,世界油气勘探和开发工作就在海洋大规模的展开,近几十年来,人类凭借现代科学技术和调查手段,在世界广阔的水域进行了油气勘探活动。亚太地区包括我国海区几乎都是小油田,因此,小油田和边际油田的开发比较重要,而科技进步又使得我们必须开发深海资源。本书选取的研究对象之一是比较适用于边际油田和小油田的浅海重力式海洋平台,其次是适用于深海油气开发的 Spar 平台。

一、海洋平台分类

21世纪是真正的海洋世纪。陆地上的资源日渐枯竭,资源开发逐渐转向海洋,尤其是深海勘探和开发已成为必然趋势。近几十年来,海洋产业发展迅速,海洋油气资源的勘探和开发尤为迅速,人类全面认识和利用海洋的时代已经到来。海洋资源勘探和开采业的发展,加大了各国能源部门对海洋油气钻采设备的需求,同时也使得海洋工程及装备制造业在船舶工业中的份额不断增加,海洋工程及装备和其制造业的发展将会成为衡量一个国家船舶工业的重要指标。海洋平台是在海洋上进行作业的场所,海洋石油钻探与生产所需的平台,主要分钻井平台和生产平台两大类,在钻井平台上设钻井设备,在生产平台上设采油设备,如图6-3所示。

图 6-3　不同类型的海洋平台

海洋钻井平台主要分为移动式平台和固定式平台两大类。其中按结构又可分为:

(1)移动式平台:坐底式平台、自升式平台、钻井船、半潜式平台、牵索塔式平台、张力腿式平台;

(2)固定式平台:导管架式平台、重力式平台。

1. 坐底式平台

坐底式钻井平台又叫钻驳或插桩钻驳,适用于河流和海湾等30m以下的浅水域。坐底式平台有两个船体,上船体又叫工作甲板,安置生活舱室和设备,通过尾部开口借助悬臂结构钻井;下部是沉垫,其主要功能是压载以及海底支撑作用,用作钻井的基础,两个船体间由支撑结构相连。这种钻井装置在到达作业地点后往沉垫内注水,使其着底,因此从稳性和结构方面看,作业水深不但有限,而且也受到海底基础的制约,所以这种平台发展缓慢。然而,我国渤海沿岸的胜利油田、大港油田和辽河油田等向海中延伸的浅海海域,潮差大而海底坡度小,对于开发这类浅海区域的石油资源,坐底式平台仍有较大的发展前途。20世纪80年代初,人们开始注意北极海域的石油开发,设计、建造极区坐底式平台也引起海洋工程界的兴趣,目前已有几座坐底式平台用于极区,它可加压载坐于海底,然后在平台中央填砂石以防止平台滑移,完成钻井后可排出压载起浮,并移至另一井位。图6-4为胜利二号坐底式钻井平台。

2. 自升式钻井平台

自升式钻井平台也被称为甲板升降式平台或桩腿式平台。这种海上钻采平台在浮在水面的甲板上装载钻井设备、动力设施、各种器材、居住设备及若干可升降的桩腿，钻井时桩腿着底，平台甲板可沿桩腿升高至离海面一定的高度移动时桩腿升起使甲板降至水面，平台就像驳船，可由拖轮把它拖移到新的钻采点。其优点主要是用钢少、造价低，适用于各种海况。缺点是桩腿长度的有限限制了其最大的工作水深只能达到约120m。若超过此水深，桩腿的质量增加过快，拖船时桩腿升得很高而影响了整个平台的稳定性，如图6-5所示。

图6-4　胜利二号坐底式钻井平台

图6-5　自升式钻井平台

3. 钻井船

钻井船是一种浮船式的海上钻井采油平台，它一般是直接在驳船或者是机动船上装配钻井设备，定位时主要依靠动力定位和锚泊。按其推进能力，可分为自航式钻井船和非自航式钻井船。根据船型，可分为双体船钻井、端部钻井、船中钻井和船侧钻井。根据定位，可分为中央转盘锚泊式、一般锚泊式以及动力定位式。这种钻井装置缺点是船身浮在海面之上，受波浪作用较大，主要优点在于可用已有的船只改装或加装，投入速度快，如图6-6所示。

4. 半潜式平台

半潜式平台的摇摆性能较好，能够在比较深的海域进行钻井作业。这种钻井平台的结构，主要是考虑用立柱或沉箱将下部的沉垫浮体结构和上部的甲板结构连接起来，甲板上主要装备与其他形式平台类似的各种机械、器材和居住的设备设施。这种平台可采用锚泊定位和动力定位，锚泊定位的半潜式平台一般用于200～500m水深的海域内，如图6-7所示。

5. 牵所塔式平台

牵所塔式平台是用一析架结构的塔支撑平台，并用缆索保证整个平台的正浮状态。平台主要用于进行一般的钻井和生产作业。所采的原油一般通过管线进行输送，但在深水区域则考虑使用近海装油设施输运。艾克逊技术公司就曾经为欧洲北海350m水深的环境设计牵所塔式平台，如图6-8所示。

图6-6　钻井船图　　　　　　　　　　　图6-7　半潜式平台

6. 张力腿式平台

张力腿式平台的原理,是利用处于绷紧状况下的锚索所产生的拉力,与平台剩余浮力均衡以保持自身的平衡。这种平台也是锚泊定位,但与一般半潜式平台不同。其锚索要保持绷紧成直线而非悬垂,钢索的下端基本垂直于海底。一般会采用重力式锚或桩锚等不易于起放的抓锚。这种类型的平台,其重力应该小于浮力,其差额则依靠锚索向下给予的拉力补充。此补充拉力必须大于波浪载荷作用下产生的力而使锚索上的拉力方向向下,以绷紧平台保持稳定,如图6-9所示。

图6-8　牵索塔式平台　　　　　　　　　图6-9　张力腿式平台

固定式海洋平台一般是平台固定在一个采油点而不整体移动。固定式平台又分为钢质导管架式平台和重力式平台。

7. 钢质导管架式平台

钢质导管架式平台是目前海上油气钻采工作中使用最为广泛的一种平台形式,一般通过打桩的方式而固定在海底。钢质导管架式平台自 1974 年第一次被用在墨西哥湾 6m 水深的海域以来,发展十分迅速。到 1978 年时,工作水深已可达 312m,如图 6-10 所示。

8. 重力式平台

浅海重力式储油平台的质量一般都能达到数十万吨,是一种靠自身重量来保持本身稳定的海上平台结构。这种平台的底部一般是一个巨大的沉箱基础,材料一般采用混凝土,中间用混凝土或钢等材料组成的立柱结构支撑着上部的甲板结构,通常平台底部的混凝土基础会被分割成很多隔断用于储油或压载等,如图 6-11 所示。

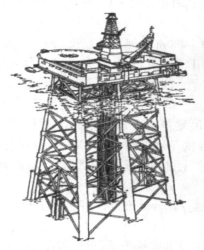 

图 6-10　钢质导管架式平台图　　　　　图 6-11　重力式平台图

本书主要介绍浅海重力式海洋平台及深海 Spar 平台。

二、重力式海洋平台

1973 年在 Ekofisk 油田安装了第一个混凝土重力式平台。到 1982 年为止,这种平台已经安装了 17 座。其优越性主要表现在能够储存石油,且其建造和实验工作一般在平台下水和到达工作地点前就可完成。重力式平台与导管架平台相比,其抵抗环境荷载的能力和抵抗海水腐蚀的能力更胜一筹,20 世纪 80 年代初以后,重力式平台的发展跌入了一个低潮期。近期,由于浅海资源的开发利用和重力式平台在边际油田开发中所独有的优势,使其又进入了一个新的发展时期。

我国海上油田很大一部分分布在近海海域,其特点是水深较浅,小块油田多,原油凝固点高,属于边际油田。对这些油田进行开发利用,就必须考虑最节省的方式方法。如果采用管道集输、固定储罐平台或单井靠船等生产方式,则开发成本过高而采用水下储油生产方式。这种方式不仅安全性好,能够降低平台所受工作荷载和外部环境荷载,而且可以大幅降低边际油田油气集输环节成本。水下储油主要有重力式平台水下储油和油水置换水下储油两种方式。重力式混凝土水下储油平台具有抗腐蚀性强、易维修和造价低等钢制平台所不具备的优点,而且与油水置换方式相比,消除了因油水接触而带来的环境污染,也降低了因油水热交换而带来的热能损耗。因此,重力式平台是我国浅海边际油田开发的方向。

浅海重力式平台采用了水下的储油技术。这种技术可使水面平台部分做到体积最小,有效减小了冰力、风浪等对平台的冲击力度。同时,可通过选择特定的混凝土材料,来满足不同水深平台的建造,如在极浅海域,可选择轻质高强材料解决浅吃水问题。而在较深海域,则需增加自重,以保证在水下原油输运过程中平台的稳定性。另外,还可通过采取一些抗裂、防腐、抗滑、防冲刷等措施进一步增加其稳定性、安全性和可靠性。因此,重力式平台在我国具有很好的研究价值和应用前景。

重力式平台一般是用钢或钢筋混凝土建成,靠本身重力就能稳定地坐在海底。这类平台虽然在海洋石油开发中出现较晚,但由于其有省钢材、甲板面积大、对海洋环境适应性强、主要构件可以在陆地预制,而且施工技术不太复杂、在海上施工的时间短及防火、防腐性能好、维修费低等优点,不但可用作钻井、采油、集输和储油、系泊和装油平台,而且还可综合多种用途,作为海洋石油开发的多用平台一。

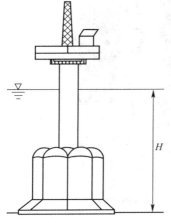

图 6-12　重力式平台组成简图

重力式平台在海上环境比较恶劣的水深 100 ~ 200m 的海区已经投入应用,在水深十几米的浅海也已开始应用。图 6-12 为一重力式平台的结构组成简图,可以看出重力式平台的主要结构由以下部分组成:

(1)基础部分:这一部分直接接触海底地基,是整个平台的基础。它的形式及尺度是否合理是平台能否稳定的关键。在海上拖航时,基础提供足够的浮力把整个平台托起,起到浮筏的作用。在油田生产过程中,基础又能储存原油,起着储油罐的作用。

(2)甲板部分:这一部分是进行石油生产时的生产场地、设备场地和生活场地。

(3)支撑部分:连接甲板和基础,对甲板起支撑作用。此外,也可以在立柱中设置工艺管线,同时,还常常把它兼作钻井的隔水导管。

重力式平台的基础一般考虑建造在比较密实的砂土上,尽量避开松散砂或较厚的软土地基。由于其底部储油罐基础面积根据地质条件确定,立柱的间距根据水深变化,所以对地基和水深的适应性较强,可用于地质条件较差的场合。

重力式平台的建造过程分两个阶段,第一阶段在干坞中进行。第二阶段需要在近岸且避风浪的深水区进行。建造程序为在干坞中制作基础底部至预定高度,然后向干坞中灌水,将已建好的基础部分和起重设备一起浮运到能避风浪的深水区,并牢牢系泊,继续建造基础的剩余部分和立柱结构,然后向基础内部灌水使其下沉,平台甲板是先前预制好的,用驳船将甲板运到立柱上之后将基础内的水排出,令平台下半部分稍稍起浮至立柱恰好顶在甲板的预定位置。最后把立柱与平台甲板牢固地连在一起形成整个重力式的平台结构。重力式平台设计时应防止底部基础的舱壁失稳或压坏。一般情况下底部基础同时具有储油的功能,设计时应关注储油罐内、外温差所产生的应力。整个重力式平台应该有足够的稳定性,基础部分可以考虑设置裙板以防止平台基础相对于海底滑移。同时,整个结构的倾斜度、沉降量和动力效应等都不能超过相应规定的限值。

根据选用材料的不同,现有设计或应用的重力式平台可以分为三大类:

(1)钢筋混凝土重力式平台:这一类型的重力式平台主要由上部结构、支撑腿柱、底部基础三大部分组成。基础形式有分整体式和分离式。整体式基础一般是由很多圆筒形的舱室组成,有时也采用平板分仓的蜂窝式结构,其侧表面一般为平板形和多波形。分离式基础采用许多分离的舱室构成基础,其对地基有较好的适应性,受力明确,抗动力性能好,支撑的立柱间距一般比较大,安全性好。

(2)钢质重力式平台:这一类型重力式平台一般由钢塔和钢浮筒组成,浮筒可以用来储油,其基础的形式属于上述的分离式。

钢—混凝土混合重力式平台:这一类型的重力式平台由钢和混凝土两种材料组合而成,上部甲板结构和立柱选用钢材,底部基础采用混凝土,这种组合充分发挥了两种材料的特性。

已建成重力式多用平台的类型很多,例如图6-13所示。

图6-13　北海重力式平台

随着海洋开发事业的迅速发展,人类石油勘探的范围已经逐渐由浅海、近海扩展到了深海区域。传统的海上采油平台已不再满足深海采油的需求,一种新型的海上采油平台——Spar应时而生,并显示出了强大的生命力。

三、深海 Spar 平台

1987年,Spar平台问世,它是由 Edward E. Horton 设计的一种在深水环境中进行油气开采的海洋平台,由于其结构形式特别适合于深水作业,所以被公认为现代 Spar 生产平台的鼻祖。目前,世界上的 Spar 平台分为三代,分别是 Classic Spar、Truss Spar 和 Cell Spar,即经典式、桁架式和分筒集束式。图6-14从左到右分别列出了这三代 Spar 平台的示例图。

据完全统计,截至2008年5月,全球共有17座 Spar平台建成投产,其中只有一座 Kikeh Truss Spar 在东南亚马来西亚海域,其余都分布在墨西哥湾海域,如图6-15所示。

表6-1列出了迄今为止全球17座 Spar 平台的关键参数,其中 BP 公司的 Holstein 平台是目前世界上最大的 Spar 平台。

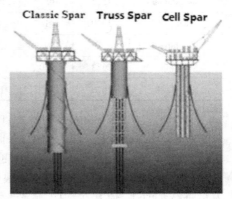

图6-14　三代 Spar 平台

图 6-15　Spar 平台在世界范围内的应用情况

Spar 平台的主要参数统计　　　　　　　　　　　　　　　表 6-1

平台名称	作业水深（m）	主体尺度		主体质量（t）	上部组块质量（t）	有效载荷（t）	平台入籍	建成年份	类型
		长度（m）	直径（m）						
Neptune	588	215	21.9	11698	2903	5987	ABS	1996	Classic
Genesis	792	214.9	37.2	26036	11340	15377	ABS	1999	Classic
Hoover/Diana	1463	214.9	37.2	32505	15613	24040	ABS	1999	Classic
Nansen	1121	165.5	27.4	10850	4844	7938	ABS	2001	Truss
Boomvang	1052	165.5	27.4	10850	4899	7938	ABS	2001	Truss
Horn Mountain	1653	169.1	32.3	13272	3992	9979	ABS	2002	Truss
Medusa	678	178.6	28.6	11700	5443	8890	ABS	2003	Truss
Gunnison	960	167	29.9	12115	5171	9770	ABS	2003	Truss
Devil Tower	1710	178.6	28.65	10623	3456	7711	ABS	2004	Truss
Holstein	1324	227.3	45.5	21327	15766	23991	ABS	2004	Truss
Mad Dog	1347	169.1	39	18934		22226	ABS	2004	Truss
Front Runner	1015	179	28.6	12785			ABS	2004	Truss
Constitution	1515	168.8	29.87	13426	5320	9770	ABS	2005	Truss
Kikeh	1330	141.7	32.3	13426	5428	9770	DNV	2006	Truss
Tahiti	1250	169.2	39	21800	18950	26230	ABS	2008	Truss
Perdido	2383	170	36	20573	11250	18250		2008	Truss
Red Hawk	1615	170.7	19.5	6532	3357	4264	ABS	2004	Cell

　　Spar 平台由于其经济性和稳定性优于其他浮式平台，经过短暂的二十几年的发展，已经开发出以上三代类型。近几十年，人们已经逐步意识到 Spar 平台给世界经济带来的效益，许多研究者对 Spar 的研究和探索也就越来越深入。但是，为了让这一平台长期在海上服役，并且能够得到长足的发展，就不能局限于已有的这三种结构形式。所以，Spar 平台被很多研究人员进行了改进，使其在结构、疲劳、水动力分析等方面有了一定的创新。以下列出了几种新的交叉型的平台概念，如图 6-16 所示。

a)MCF

b)MinDOC3

c)MonoBR

图 6-16　由 Spar 衍生出的新的平台概念

Spar 平台多年来被投入实际的生产使用中,所以有必要对其整体结构进行研究,以便在其服役时确定各部分构件的性能并正确使用。Spar 平台的整体结构主要可分为四大系统:平台甲板、平台主体、立管系统和系泊系统。图 6-17 以一座 Truss Spar 为例,给出了 Spar 总体结构的解剖示意图。

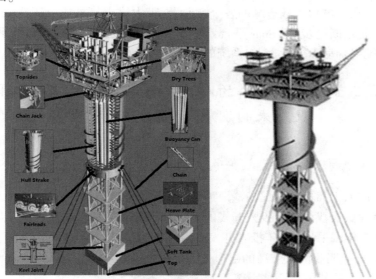
图 6-17　典型的 Truss Spar 平台结构示意图

以下就以图 6-17 中所示 Truss Spar 平台为例,详细介绍其各个主要组成部分:

(1)顶部甲板:通常情况下,两至四层矩形结构组成了 Spar 平台的甲板模块,甲板主要用于进行钻探、油井维修、产品处理或其他组合作业,其中井口布置在中部,生活区、油气处理设备、直升机甲板以及公共设施等一般会贯穿其中。根据实际的作业要求,也可以在 Spar 的顶层甲板上进行钻探、完井和修井等工作。具体操作时,可根据不同的需要安装轻型或重型钻塔。

(2)主体结构:平台的主体结构为其提供主要浮力,并能保证平台作业的安全度。其主要结构从上到下主要分为硬舱、中段、软舱(图 6-17)。硬舱是一个圆柱体结构,直径很大,中央井贯穿其中,其主要作用是设置固定浮舱和可变压载舱,为平台提供大部分浮力,并可以对平台的浮态进行适当的调整;中段为桁架结构,为了增加平台的附加阻尼和附加质量、适当减少因波浪引起的平台的运动、提高平台的稳定性,通常会在桁架结构中设置两至四层垂荡板;软舱主要设置固定压载舱,其主要作用是降低平台的重心,同时为 Spar 的"自行竖立"过程提供扶正力矩。除了具备以上三个主要结构之外,为了减少平台的涡激振动,改善平台在涡流中的性能,在主体部分的外壳上还安装了两至三列螺旋侧板结构。Spar 的主体部分是整个平台中最重要的结构,本文在第六章对其在不同风荷载作用下的扭转断裂做了详细的分析。

(3)立管系统:平台的主要立管系统有生产、钻探、输出立管以及输送管线。Spar 的垂荡运动很小,所以可支持顶端张紧立管(TTR),每个立管通过自带的浮力罐或者是甲板上的张紧器来提供张力支持,浮力罐很长,一般是从接近水表面开始,一直延伸至水下某一深度,有的可以超出硬舱底部。柔性海底管线可以附着在 Spar 平台硬舱和软舱的外部,由于立管系统位于中央井内,周围受到主体的屏障作用,所以其不受表面波和海流的影响。目前,国内外很多学者致力于对深海 Spar 平台立管系统的研究,如立管的涡激振动、涡致耦合振动、立管系统的动态响应等。

(4)系泊系统:Spar 主要采用半张紧悬链线式的系泊系统,其下桩点在水平方向上距离平台主体非常远,缆索系统由多条系泊索组成,它覆盖了非常广阔的区域;系泊索是由海底桩链组成的,锚链由聚酯纤维或钢缆组成;导缆器可以减少系泊索的动力载荷,一般情况下都会被安装在平台主体的外壁上,且具体位置在重心附近;起链机分为数组,它是操控系泊系统的重要设备,一般分布在主体顶甲板边缘的各个方向上;吸力锚由打桩或负压法安装,主要承受上拔载荷。随着科技不断进步,对 Spar 平台系泊系统的研究也越来越多,包括平台系泊系统特性研究、系泊系统耦合动力分析、系泊系统的时域耦合分析等。

第三节　我国现今的人工岛与海洋平台技术水平及未来的发展趋势

一、人工岛

我国最壮观的人工岛群——埕岛浅海油田,位于渤海湾南部的极浅海域,距现海岸 3km。埕岛浅海油田是我国极浅海区域投入开发的第一个年产量超过 200 万 t 级的大油田。该油田 1988 年发现,1992 年试采,1993 年投入开发,已探明和控制含油面积 77.6km²,石油地质储量 23754 万 t。这充分说明我国人工岛的建造处于世界先进水平,如图 6-18 所示。

图 6-18　埕岛浅海油田

二、海洋平台

近些年,我国海洋石油钻井装备产业取得了骄人业绩,我国油气开发装备技术在引进、消化、吸收、再创新以及国产化方面取得了长足进步。主要表现如下:

(1)建造技术成熟。海洋石油钻井平台是钻井设备立足于海上的基础,自1970年至今,国内共建造移动式钻采平台53座,已退役7座,在用46座。目前我国在海洋石油装备建造方面技术已经日趋成熟。

(2)部分配套设备性能稳定。海洋钻井平台配套设备设计制造技术与陆上钻井装备类似,但在配置、可靠性及自动化程度等方面都比陆上钻井装备要求更苛刻。

(3)深海油气开发装备研制进入新阶段。目前,我国海洋油气资源的开发主要集中在深水区域,并已突破7000m水深。

我国与世界先进海洋石油钻井平台的主要差距,主要表现在以下方面:

(1)钻井平台类型单一,技术含量低。我国目前主要采用导管架式、坐底式、自升式钻采装置,结构简单,功能单一。新型张力腿平台(TLP)、Spar平台、顺应式平台及其他多功能综合性平台的设计和建造技术还比较少。

(2)现有钻井平台不适应深水需求。目前我国的石油开采装备大多只能在500m水深以内的海域工作,急需深海移动式钻采平台、水下井口及水下采油维修设备及水深大于500m的浮式生产系统。

随着当前世界各国对石油重要性的认识和现代高科技的飞速发展,预计海洋钻井平台未来将会朝着以下几个方面发展:

(1)海洋钻井平台被少数国家长期垄断的局面将逐渐被打破。

在海洋钻井平台技术发展过程中,美国、挪威等西方发达国家由于起步早,已经积累了一定经验,尤其在海洋深水技术开发方面一直处于领先和垄断地位,但随着近几年世界多个国家涉足海洋勘探开发领域,尤其是中国、巴西、韩国、日本等国家的崛起,今后海洋装备技术将呈现出多渠道、多国化,百花齐放的发展局面。

(2)海洋钻井平台将向可靠性、自动化方向发展。

面对风、浪、流等各种复杂的海洋作业环境及海上安全与技术规范条款的要求等,石油装备的高可靠性是保证海洋油气能否顺利开发的先决条件。同时,为了提高平台作业效率,降低劳动强度及减小手工操作的误差,海洋装备的自动化、智能化控制技术已得到较好的应用。

(3)海洋钻井平台向多功能化方向发展趋势明显,部分钻井平台开始向多功能化方向发展。

新型的多功能海洋平台不仅具有钻井功能,同时还具备修井、采油、生活和动力定位等多种功能。如具有动力定位装置的FPSO(浮式生产储油卸油装置,可对原油进行初步加工并储存,被称为"海上石油工厂"),不仅完全具备上述功能,而且还可以作为穿梭油轮,实现一条船开发一个海上大型油田的目标。多功能半潜式钻井平台不仅可用作钻井平台,也可用作生产平台、起重平台、铺管平台、生活平台以及海上科研基地,甚至可用作导弹发射平台等,适用范围越来越广。

(4)海洋钻井平台向深水领域发展必将成为新的发展方向。

世界主要海洋装备制造强国均已开始研究并制造大型化的海洋油气开发装备,作业水深已由早先的10～25m发展到当今的3000m以上,海洋油气开发装备的最大钻井深度可达

12000m。目前,第5代、第6代超深水半潜式平台已成为发展潮流。根据美国权威机构统计分析,2000—2007年全世界投入的海洋油气开发项目为434个,其中水深大于500m的深水项目占48%,水深大于1200m的超深水项目达到22%,各大石油公司在深海领域的投资有不断增加的趋势,海洋钻井平台正不断向深水领域发展。

当前,海洋石油勘探开发已进入到一个新的时代,世界各国对海洋油气资源勘探开发的力度不断加大。近年来,我国虽然在海洋平台建造及技术研究方面做了大量工作,并取得了可喜的成绩,但就海洋装备技术实力和技术水平而言,我国仍处于一个比较落后的水平。现在,国内建造的多个平台和船体上用的主机、动力系统、专用设备、自动化工具等仍需花巨资向发达国家购买。在海洋钻井、平台定位、系统控制、自动检测和事故处理等技术方面,我国与发达国家之间还存在差距。因此,我国必须加快科研步伐,奋力追赶西方发达国家,早日步入世界海洋石油装备强国行列。

参考文献

[1] 中华人民共和国行业标准.SL 435—2008 海堤工程设计规范 [S].北京:中国水利水电出版社,2008.

[2] 中华人民共和国行业标准.SL 27—2014 水闸施工规范[S].北京:中国水利水电出版社,2014.

[3] 中华人民共和国行业标准.JTS 167-2—2009 重力式码头设计与施工规范 [S].北京:人民交通出版社,2009.

[4] 中华人民共和国行业标准.JTS 167-1—2010 高桩码头设计与施工规范[S].北京:人民交通出版社,2010.

[5] 中华人民共和国行业标准.JTS 154-1—2011 防波堤设计与施工规范[S].北京:人民交通出版社,2011.

[6] 中华人民共和国行业标准.JTS 147-2—2009 真空预压加固软土地基技术规程[S].北京:人民交通出版社,2009.

[7] 中华人民共和国行业标准.JTS 181-5—2012 疏浚与吹填工程设计规范[S].北京:人民交通出版社,2012.

[8] 中华人民共和国行业标准.JTS 202-1—2010 水运工程大体积混凝土温度裂缝控制技术规程[S].北京:人民交通出版社,2010.

[9] 中华人民共和国水利部.全国水利发展统计公报[M].北京:中国水利水电出版社,2017.

[10] 薛鸿超.海岸及近海工程[M].北京:中国环境科学出版社,2000.

[11] 中交第一航务工程勘察设计院有限公司.海港工程设计手册[M].北京:人民交通出版社,2000.

[12] 严恺.海港工程[M].北京:海洋出版社,1996.

[13] 施斌.水运工程施工技术[M].北京:人民交通出版社股份有限公司,2017.

[14] 交通运输部安全与质量监督管理司.水运工程施工标准化建设指南—施工工艺篇(码头工程)[M].北京:人民交通出版社股份有限公司,2018.

[15] 陈立新,杨孚平,谢永涛.港航疏浚工程施工技术[M].北京:科学出版社,2010.

[16] 王飞朋,邵宇阳,吕博,等.混凝土铰链排护坡式海堤波压力试验研究[J].水运工程,2016(11):18-24.

[17] 张华,韩广轩,王德,等.基于生态工程的海岸带全球变化适应性防护策略[J].地球科学进展,2015,30(09):996-1005.

[18] 张甲波,杜立新.人工养滩工程的综合防护原则及设计方法[J].海洋地质前沿,2013,29(02):10-16.

[19] 王玉珏,陈新民,桂建达,等.柔性工法在海岸防护工程中的应用研究——以江苏海岸带为例[J].江苏建筑,2011(05):72-74+91.

[20] 季小强,陆培东,喻国华.离岸堤在海岸防护中的应用探讨[J].水利水运工程学报,2011(01):35-43.

[21] 陆达仁.围海造陆地基处理排水固结关键技术分析研究[J].珠江水运,2019(11):58-59.

[22] 张志飞,诸裕良,何杰.多年围填海工程对湛江湾水动力环境的影响[J].水利水运工程学报,2016(03):96-104.

[23] 王艳锋,刘建卫.机械凿岩在疏浚工程中的应用[J].水运工程,2019(06):207-211.

[24] 张全胜,袁宝来.疏浚工程吹填区平整度控制[J].水运工程,2018(S1):54-57,92.

[25] 熊建荣.航道疏浚工程常见问题及治理措施[J].工程技术研究,2018(02):95-96.